缤纷饮品

萨巴蒂娜◎主编

中国轻工业出版社

卷首语

好喝的，开心的

有一段时间沉迷做奶茶。尝试了古典的中国红茶（祁山红茶、云南滇红、正山小种）、英国调配红茶、印度红茶、锡兰红茶，不一而足。牛奶经过反复尝试，最喜欢北京本地的三元牛奶。太喜欢调好奶茶之后，用调羹轻轻搅拌，然后抿一口的感觉了。连鼻子里都是奶茶的香气，舌尖上是略苦涩的茶味混合香醇的奶味，喉咙有丝滑的热茶滑过，无论嗅觉、味觉、触觉都很享受，真是开心。

后来又尝试加珍珠，自己做芋圆，自己做烧仙草，加入烤香的芝麻、麦粒、花生碎，简直比做饭还要认真。有时候我一餐饭就是蒸锅米饭，上面放几根腊肠，淋点豉油就算数，而做奶茶则煞费苦心，花费若干个小时。

但是简单的一杯茶，我也是喜欢的，最喜欢凤凰单枞。除了茶，我这样爱熬夜的人怎能没有咖啡！我喜欢黑咖啡，调味的也喜欢。

早晨则沉迷做花式豆浆，加一把泡好的花生和黄豆一起打豆浆太好喝了。再用电饼铛烙一张鸡蛋黄瓜丝饼，这样的早餐我太满意了。

除了豆浆，我还喜欢用搅拌机做果汁，不过滤果渣，直接喝掉。比吃水果快，味道则更好一些。

平时，我会把书桌擦得干干净净，地板吸干净，赤脚穿拖鞋，旁边放一杯好喝的饮品，或者工作，或者看书。

这一杯的时间，我都是幸福的。

高欣茹

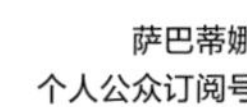

萨巴蒂娜

个人公众订阅号

萨巴小传：本名高欣茹。萨巴蒂娜是当时出道写美食书时用的笔名。曾主编过五十多本畅销美食图书，出版过小说《厨子的故事》，美食散文集《美味关系》。现任“萨巴厨房”主编。

敬请关注萨巴新浪微博 www.weibo.com/sabadina

目录

CONTENTS

唤醒活力的自然能量 ▶

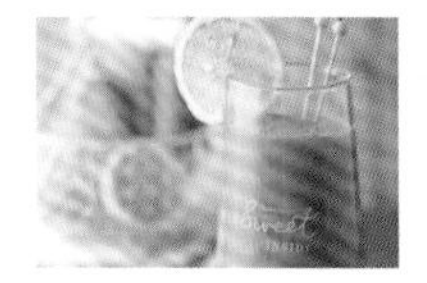

冻龄女神的甜蜜武器 ▶

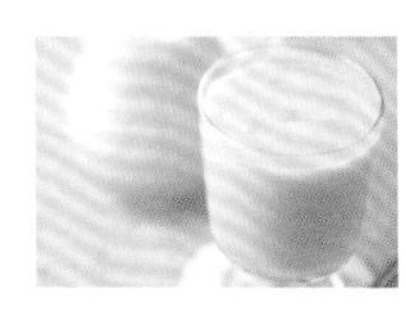

轻盈瘦身的魔法密钥 ▶

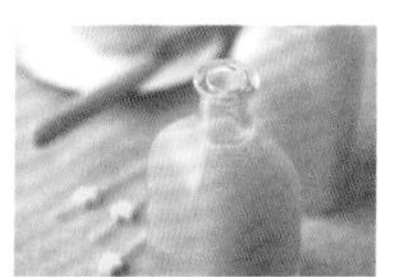

藏在果蔬汁里的药方 ▶

热乎乎，好滋味，养生又暖心 ▶

软糯糯，天然好物，深层滋养 ▶

香喷喷，汇聚万物精华 ▶

甜蜜蜜，鲜果挑逗味蕾 ▶

每一口都是青春的味道 ▶

如此创意真的很走心 ▶

初步了解全书

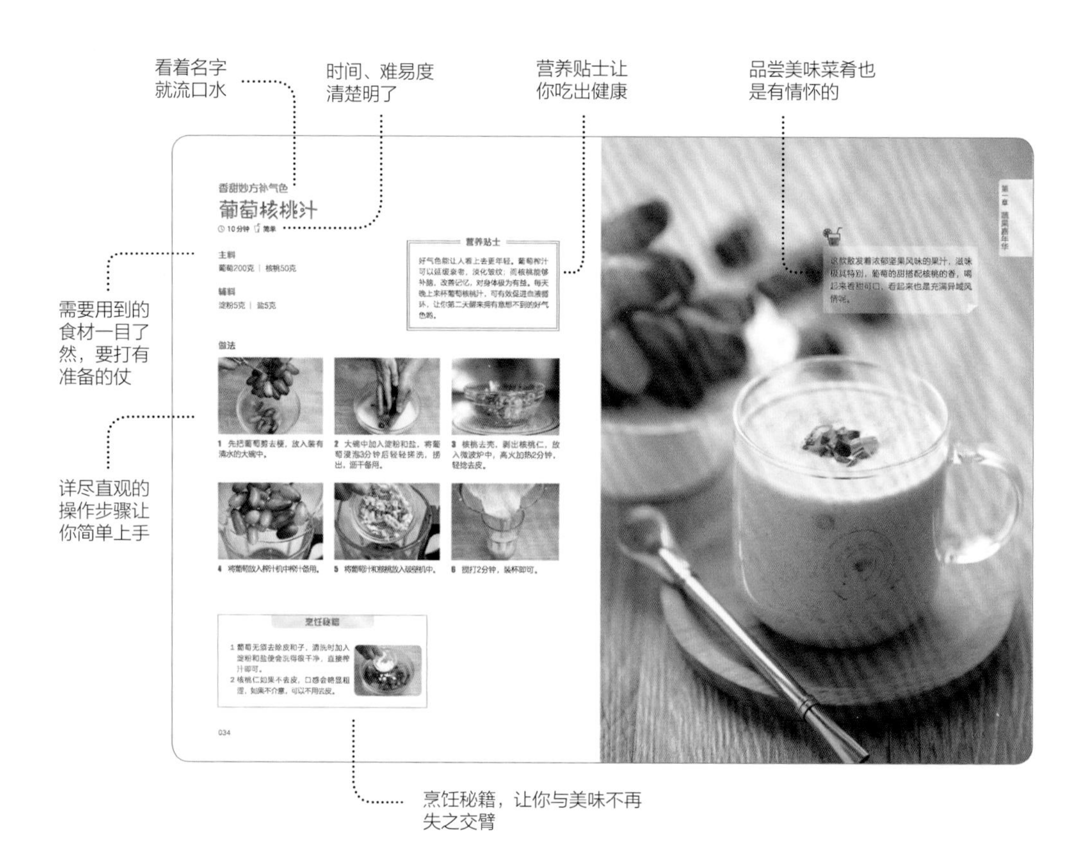

为了确保食谱的可操作性，

本书的每一道饮品都经过我们试做、试品，并且是现场制作后直接拍摄的。

本书每道食谱都有步骤图、烹饪秘籍、烹饪难度和烹饪时间的指引，确保你照着图书一步步操作便可以做出好喝的饮品。但是具体用量和火候的把握也需要你经验的累积。

书中部分饮品图片含有装饰物，不作为必要食材元素出现在食谱文字中，读者可根据自己的喜好增减。

计量单位对照表

1 茶匙固体材料 =5 克	1 茶匙液体材料 =5 毫升
1 汤匙固体材料 =15 克	1 汤匙液体材料 =15 毫升

第一章
蔬果嘉年华

果蔬汁的给力神器

机器名称	主要特色	选购窍门	适用食材	果汁成品	清洗秘诀
料理机	利用飞速旋转的刀片将果蔬打碎。一般而言，转速较低，无加热功能	看电机： 启动后，运行越稳定越好，而且最好有防水防热保护 看刀片： 不锈钢刀片易卷口，建议选用硬质合金钢制作的钝刀片 看材质： 塑料配件要选择食用级材质才安全	富含膳食纤维的果蔬，如芹菜、柚子等	口感较为粗糙，果肉有明显的颗粒感	料理机最难清洗的便是刀头位置，因为果蔬中含有大量膳食纤维，榨汁后，纤维残渣很容易缠绕在刀头部位，建议先顺着缠绕的方向轻轻缓慢抽出，然后再倒入适量沸水启动机器，30秒后倒出即可。这样既能清除刀头残渣，还能防止细菌滋生
榨汁机	利用高速旋转的刀盘将果蔬粉碎，利用强大离心力实现渣汁分离	看重量： 厚重的比轻巧的稳定性要强 看转速： 匀速旋转且无嘈杂噪音的为好，开关机反应迅速 看零部件： 食品级不锈钢材质的为最优选，其既好清洗，还防生锈、耐腐蚀	不易被氧化的高水分低纤维的果蔬，如西瓜、橙子等	口感清爽，颜色较浅，表面会有浮沫	妙用鸡蛋壳清洗： 将熟鸡蛋的壳轻轻敲成大小适中的碎片，放入榨汁机中，然后加入能够淹没蛋壳的清水，启动后充分搅拌就可去除机器污垢了，最后再用开水烫一下倒出，即可清洁如初
原汁机	利用低速旋转的螺旋推进器，慢慢挤压水果，在不破坏细胞结构的前提下，分离渣汁。无加热功能	看出汁率： 并不是功率越大就出汁越多，好的原汁机，残渣更少，口感更细腻 看电机： 转速低，一般每分钟70～80转；运行基本无噪音	质地较硬，且易被氧化的果蔬，如苹果、梨、各种叶类蔬菜，以及萝卜、甘蓝等	纯天然口感，原汁原味，细腻醇厚，颜色接近本色	拔掉电源后，将部件拆卸，除电机和过滤网外，其他皆可直接用水冲洗，电机部分可以用干抹布擦净，过滤网建议用刷子刷干净网眼，以免被果渣堵塞
破壁机	利用飞速旋转的刀片将果蔬的细胞壁打破，从而释放全部营养，转速高，有煮沸功能	看构造： 一体式的破壁机更易清洗，适合工作忙碌的上班族 看功率： 破壁机具有加热功能，一般而言，加热功率在800W以上，电机功率在1200W以上就可以满足需要 看杯体： 塑料杯体较实用，玻璃杯体尽管健康，但笨重且易被硬物击碎	各种食材，果蔬类、坚果类、豆类等都适宜	口感细腻，营养十分丰富	在使用破壁机的过程中，很容易出现煳锅的现象，当破壁机煳锅时，可以加入适量清水和白醋，启动加热功能至沸腾后，再点击清洗功能即可。注意，尽量不要拿钢丝球去用力摩擦，容易毁坏机器，刀片也会割伤手指

常用果蔬的购与存

苹果——记忆之果

选购技巧：苹果分为很多种，常见的有红富士、秦冠苹果、黄元帅苹果等。虽说品种各异，但选购方法却大同小异，主要以果皮表面光洁无伤、没有虫害、色泽鲜艳、大小适中、口感纯正的苹果为佳。成熟的苹果软硬合适，外形大小也会和重量相称，闻起来有一股淡淡的香味。

储存方法：直接密封在塑料袋中，放入冰箱冷藏室即可，要注意调低一些温度。熟透的苹果会释放乙烯气体，可以催熟水果，所以存储时尽量与其他水果分开，避免其他水果被催熟而变坏。

雪梨——止咳圣果

选购技巧：雪梨的好坏可以通过“三看”来判断：一看梨脐，也就是梨子凹陷下去的地方，如果这个地方光滑圆润而且较深，梨子的味道就会比较好。二看果皮，一般来说，果皮较厚的雪梨水分都不太足，而皮薄且表面细腻光滑、没有损伤的雪梨水分大，尝起来也更甜。三看形状，雪梨特别看颜值，那些长相端正、身材美丽的梨，果肉鲜美且甘甜脆口，而那些长得奇形怪状的梨则肉质粗糙，口感也会生涩。

储存方法：夏天，雪梨可以直接放入冰箱冷藏，温度最好调低一点，利于保持口感。另外，梨不要洗，否则极容易变坏。冬天，可以将梨直接用纸包好，放在阴凉干燥处存储。

香蕉——快乐水果

储存方法：香蕉不宜放到冰箱冷藏。香蕉的存储温度不能过低，否则很容易冻伤，变成褐色，影响口感。可以用保鲜膜包裹住香蕉根部，这样会抑制其水分的流失，然后扣放在阴凉通风的地方。

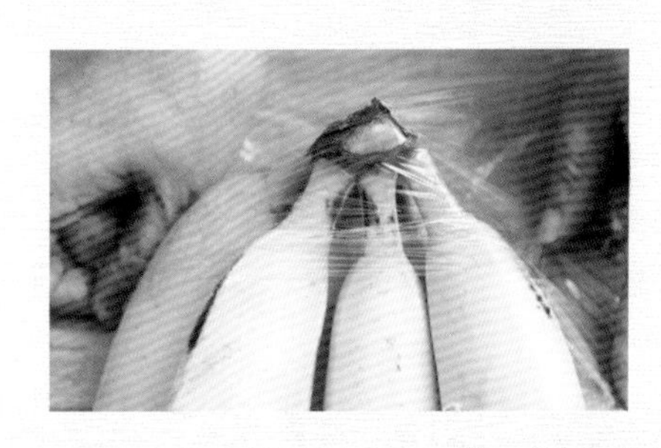

选购技巧：购买香蕉时要注意看根部，根部发绿而且有着明显棱角的香蕉，大部分是催熟的，其口感发涩且味道寡淡。自然熟透的香蕉，根部和香蕉的颜色都会呈现黄色，表面有少量斑点，不会光滑到什么都没有。香蕉的个头和重量要适中，个头太大的香蕉没什么味道，不好吃。

甜桃——养颜仙果

储存方法：新鲜的桃子没必要放到冰箱里存储。桃子在室温下糖分会比较丰富，而过低的温度容易造成糖分的减少，甜度也会下降。可以将桃子放在阴凉通风处，温度不能太高，特别是不能放到阳光直射的地方，否则桃子会熟得太快，不易保存。

选购技巧：每到农历五六月份，就是吃桃子的季节了。桃子要挑颜色红润的，不要选那些头部发红、中下尾部发绿的半熟桃子。自然熟透的桃子，掂起来会比较重，而且色泽均匀，个头适中，品相好。

甜橙——疗疾佳果

储存方法：橙子比较好存储，只要将表面擦洗干净，用保鲜膜包裹一下，放入冰箱就好，注意表面不要有水珠。如果在冬天，一个个擦干后，放到干燥的纸箱里就可以了。

选购技巧：橙子越重，汁液越多，也就越好吃。一般来说，皮薄的橙子水分大、果汁足，用手摸起来比较软，富有弹性；而皮厚的橙子则比较硬。另外，表皮细腻、橙身长、肚脐小的橙子，口感会更佳。

胡萝卜——小人参

选购技巧：买胡萝卜要注意三点，第一看表皮，选择表面光滑、没有虫害、没有斑点、没有损伤的为佳；其次看形状，头部和尾部同样粗细、大小适中的，口感会更好；第三掂重量，太轻的就表示水分已经流失了，吃起来会发柴，不新鲜。

储存方法：如果买回家的胡萝卜带有萝卜缨子，建议先把缨子切除，然后洗净擦干，用保鲜膜包裹好，放入冰箱冷藏即可。

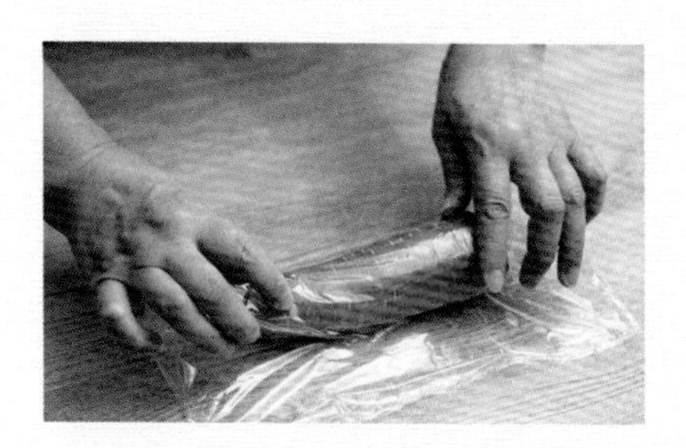

黄瓜——美容之瓜

选购技巧：顶花带刺，应该是人们熟知的选购黄瓜的技巧了。除此之外，自然生长的黄瓜一般都会有些弯度，因此不要买太直的；太细或者太粗的黄瓜要么水分不足，要么太老了，口感不好，因此要买粗细适中的；要买硬邦邦的，不要软的，黄瓜蒂部新鲜的，吃起来更清香。

储存方法：很多人习惯把黄瓜放在冰箱里存储，其实这样也还是会蔫儿的。不妨先把黄瓜用盐水洗净，用纸巾包裹起来，再在纸上洒点水，缠上保鲜膜，放进冰箱里，保鲜膜不要扎得太紧，这样存储一周，黄瓜依旧鲜嫩如初。

生菜——减肥生菜

选购技巧：生菜又叫玻璃生菜，指的就是好生菜的颜色像玻璃一样透亮，吃起来很脆生，所以购买时，可以用手掐一下。另外，好生菜的茎部会泛白，其水分充足、也好吃。

储存方法：生菜需要放在低温干燥的环境里存储。可以先把生菜洗净，晾干后用保鲜膜包起来，提前在冰箱冷藏室抽屉的底部铺上些纸巾（纸巾是用来吸收空气里的水分的），然后把生菜放进去。另外，生菜不宜和苹果一起存放，苹果易使生菜生斑变质。

紫甘蓝——花青素之王

选购技巧：同等重量里选体积小的，选圆球形的，这样的紫甘蓝包裹会更加紧实，水分也足。此外，要选色泽艳丽的，越艳丽越新鲜，但千万不要买染色的紫甘蓝，买之前可以先剥开几片看看，如果里外颜色不一致，就不要买了。

储存方法：紫甘蓝需要冷藏存储，可以用保鲜膜包裹起来放入冰箱的冷藏室抽屉里，可保存一周。

土豆——第二面包

选购技巧：土豆不能买发芽的和绿色的。此外，挑选土豆还要注意个头和形状，一般而言，个头适中、圆润好看、表皮没有破且坑洼较浅的土豆，吃起来味道更好，而且越新鲜的土豆，越容易搓皮。另外，土豆分黄肉和白肉，如果用来榨汁，建议选用白肉的，其汁液甘甜，水分也足，好喝。

储存方法：土豆只需要放在阴凉干燥处，温度不要太高，如果放在冰箱里冷藏，温度可以调在 5℃左右，建议放个熟苹果进去，可以保护土豆的食用性，延缓土豆发芽的时间。

⊗ 果蔬汁的饮用五禁忌

果蔬汁不宜空腹喝

果蔬汁的酸度都比较高，人在空腹时胃酸比较多，如果再喝酸性高的饮品，容易导致胃不舒服，也会影响营养的消化吸收。建议在两餐之间喝果蔬汁，或者是先吃些主食后，再饮用果蔬汁。

鲜榨果蔬汁不宜加热

果蔬汁加热会破坏维生素，也影响口感。如果担心太凉，可以将果蔬汁放在温水中温一会儿再喝，但不要太久。

不可与奶同步喝

牛奶中的蛋白质会与果蔬汁中的果酸发生反应，产生固状物，影响营养的吸收，甚至可能引起腹泻、呕吐等。

榨完即喝，不宜久存

很多水果极易被氧化，空气中的氧会使其维生素 C 的含量迅速降低，所以果蔬汁最好随榨随饮，不要存放太久。

铝制容器用不得

果蔬汁含有丰富的柠檬酸、果酸等，这些物质能促进人体对铝的吸收。人体如果摄入过多铝元素，易导致脑神经细胞受损，使人反应迟钝、记忆力减退等。

恋上这抹橙黄色

胡萝卜柠檬汁

5分钟　简单

营养贴士

现代人天天面对电脑和手机，对眼睛的伤害不容忽视。这道果蔬汁可以有效缓解视疲劳，保护眼睛，对治疗干眼症也有着很好的效果。若长期坚持饮用，还可以滋养肌肤，减少粗糙。

主料

胡萝卜3根（约300克）
柠檬20克

做法

1 胡萝卜洗净，去皮，切小块。

2 柠檬洗净，横切出2片，1厚片去子，1薄片备用。

3 将胡萝卜块和去子的柠檬放入破壁机中，加入150毫升纯净水。

4 搅打后倒入杯中，用勺子搅拌均匀。

5 放上薄柠檬片装饰即可。

烹饪秘籍

可选取带泥的胡萝卜，这样更新鲜，汁水也更丰富。胡萝卜的膳食纤维较多，用榨汁机榨汁口感会更好。

微甜带酸，橙中带红，色味俱全。食材简单，做法简单，却让人越喝越美，如此好事，何乐而不为？

保护视力，刻不容缓

蓝莓胡萝卜汁

5分钟　简单

主料

蓝莓125克 | 胡萝卜1根

辅料

蜂蜜1茶匙

营养贴士

现代人离不开电子产品，十有八九都用眼过度。这道蓝莓胡萝卜汁含有丰富的维生素A，有利于缓解眼睛疲劳，保护视力；还能健脾助消化，增强免疫力。

做法

1 蓝莓洗净，备用。

2 胡萝卜洗净，去皮，切成小块。

3 将蓝莓和胡萝卜块一起放入榨汁机中，加入蜂蜜和100毫升纯净水。

4 搅打2分钟后倒入杯中即可。

烹饪秘籍

新鲜蓝莓表面有层白霜，清洗时可以先在淡盐水或者淘米水中浸泡10分钟，用手轻轻搅动几下，再用流水冲洗干净即可。

谁说很甜就热量高

菠萝哈密瓜汁

5分钟 简单

主料

菠萝200克 | 哈密瓜1个（约400克）

当菠萝的甜遇上哈密瓜的甘，这道果汁的甜度可谓超出你的想象，而且喝起来口感好像奶昔，独特的风味让你喝过一次便念念不忘。

营养贴士

每次大餐后都有种深深的罪恶感，总担心体重又长了好多。其实大鱼大肉之后来杯菠萝哈密瓜汁是个不错的选择，健脾消食，加快新陈代谢，促进消化。此外，丰富的维生素C也能够让人神清气爽，不会在吃饱喝足之后就昏昏欲睡哟。

做法

1 将菠萝削皮，去掉硬心，切小块。

2 将哈密瓜洗净，对半切开，削皮、去子，切小块。

3 将菠萝块和哈密瓜块一起放入榨汁机中，榨出汁。

4 滤渣，倒入杯中即可。

烹饪秘籍

1 哈密瓜具有很高的甜度，菠萝本身含糖量也不低，这道果汁无须另加糖或者蜂蜜。

2 夏天饮用，可以在榨汁时加入适量冰水，甘甜冰爽，绝对是解暑必备。

做个肤白睡美人

香蕉木瓜汁

5分钟　简单

主料

香蕉1根（约100克）| 木瓜150克

辅料

牛奶1盒（200毫升）

软糯嫩滑的口感，醇厚浓郁的果香，工作的间隙，没有什么比喝一杯果蔬汁更能让人心情愉悦了，补充精力的同时还能美白肌肤。

营养贴士

生活的压力总是让烦闷的心情难以排遣，心情不好时来杯香蕉牛奶木瓜汁吧，在补充体力和营养的同时，还能够调节情绪、改善心情，长期坚持饮用，还能安神养眠，美白肌肤。

做法

1 将木瓜洗净，去皮，竖着对半切开，去子，切成小块。

2 香蕉剥皮，切成小段。

3 将木瓜块和香蕉段放入料理机中，加入牛奶。

4 搅打3分钟，装杯即可。

烹饪秘籍

成熟的木瓜肚子鼓鼓的，分量会轻一些，颜色也更偏橙黄。如果摸上去黏黏的，说明有糖胶渗出，选这样的木瓜榨汁，味道更香甜。

走可爱风的果汁

草莓养乐多

10分钟 简单

冰爽清凉的口感，酸酸甜甜的滋味，好喝健康还不会让人发胖，这款走可爱风的果汁，绝对是炎炎夏日里的上佳选择。

主料

草莓10颗（约80克）
养乐多2瓶（约200毫升）

辅料

淡盐水适量

营养贴士

这个世界上应该没有人不爱草莓吧？草莓不但长得惹人爱，还能补血益气、凉血解毒、保护视力、美白嫩肤。搭配养乐多更是可以提神醒脑、振奋情绪、缓解疲劳。

做法

1 将草莓用淡盐水浸泡5分钟后，洗净、去蒂，切成小块。

2 将草莓块放入破壁机中。

3 加入养乐多，搅打2分钟。

4 倒入杯中即可饮用。

烹饪秘籍

养乐多也可以用酸奶代替，加入蜂蜜后口感更好；如果喜欢冰爽口感，可以用半瓶雪碧来代替1瓶养乐多。

这道喝起来甘甜可口的果蔬汁，没有了生菜的苦味，却保留了清新口感，搭配冰块，特别适合夏日饮用。

甜瓜生菜汁

5分钟　简单

主料

绿甜瓜1个（约200克）｜生菜100克

辅料

冰块20克｜柠檬1薄片

营养贴士

两种水分十足的果蔬搭配，怎能不消暑解渴？尤其是绿甜瓜，其营养物质一点也不逊于西瓜，特别适合夏日补水，还能补充能量，增强免疫力。

做法

1 绿甜瓜，洗净，去皮、去子，切小块。

2 生菜洗净，分片，切小段。

3 把生菜和甜瓜、100毫升纯净水放入破壁机中，搅打3分钟。

4 在杯中加入冰块。

5 倒入果蔬汁后，放上柠檬薄片装饰即可。

烹饪秘籍

由于甜瓜的甜度很高，所以不需要另加糖或者蜂蜜了，如果介意口感，可以在倒入杯中时过筛一下再喝。柠檬片做装饰除了好看之外，还可以防止果汁氧化变色哟。

闻香识得好滋味

百香果芒果汁

5分钟 简单

主料

百香果2个（约30克）
芒果2个（约250克）

辅料

蜂蜜1汤匙

百香果的香气不容小觑，这道果汁最大的特色便是闻起来浓郁，喝起来芬芳，与芒果的酸甜组合，更是充满了热带的浪漫风情。

营养贴士

百香果含有丰富的香酚成分，有很好的安神效果，长期坚持饮用，还能够缓解疲劳，预防抑郁，让身心更加健康。

做法

1 百香果切开，用勺搅拌，挖出果肉汁水。

2 芒果去皮、切丁，分成大小两份备用。

3 将百香果肉汁水和大份芒果丁、蜂蜜、150毫升纯净水一起放入破壁机中，打2分钟。

4 倒入杯中，加入小份芒果果肉后尽情畅饮吧。

烹饪秘籍

1 如果介意百香果子的口感，可以在倒入杯中时过滤一下，这样果汁会更细腻。
2 百香果比较酸，成品之后如果觉得甜度不够，加点蜂蜜即可。

这味道出其不意

青椒椰子汁

10分钟　中等

营养贴士

青椒中的青椒素可以提升食欲，搭配椰子榨汁，有助于维生素C的吸收，起到滋养肌肤、美白养颜的效果。下班来一杯，还能缓解疲劳，让你恢复活力。

主料

青椒1个（约50克）
椰皇1个（约1000克）

做法

1 青椒洗净，去蒂、去子，切成小块。

2 用小锤从椰子顶端开出一小洞，将椰子水倒入汤碗中备用。

3 用砍骨刀将椰子劈成碎块，剥出椰子肉，切成小块。

4 将青椒和椰子水、椰肉一起放入破壁机中。

5 搅打2分钟，滤渣后装杯即可。

烹饪秘籍

买椰子时，一定要选择尾部发白且外皮略显褐色的老椰子，其肉厚鲜嫩，味道也更香浓。

这款听起来“奇葩”的果蔬汁，实际上味道还是不错的，椰子的天然果香中略带些青椒的辛辣，喝起来极为过瘾，而且口感特别鲜嫩。

苦中带乐有点甜

苦菊甘蔗汁

10分钟 简单

营养贴士

工作不顺的时候，脾气容易变得暴躁，这时不妨喝杯苦菊甘蔗汁，其有着清热去火、去烦去躁的效果，能够帮助平复情绪。常喝还能清心明目，特别适合经常面对电脑的上班族饮用。

主料

去皮甘蔗300克

苦菊50克

做法

1 甘蔗冲洗一下，去皮后从有节的地方剁成3段。

2 分别去掉节后，再将每节甘蔗从中间切开，改刀切成小块。

3 苦菊洗净，去根，切段。

4 将甘蔗块和苦菊一起放入破壁机中榨汁。

5 搅打2分钟，滤渣后装杯即可。

烹饪秘籍

甘蔗粗硬有渣，喝之前最好过滤一下，口感更细腻。

这道饮品的口感就像人生，苦过之后尽是甘甜，可谓是真正的生活之味。苦菊的清凉加上甘蔗的甜蜜，绝对是炎炎夏日里的解暑圣品。

这一杯营养十足

菠菜杏仁核桃汁

10分钟 简单

营养贴士

这是一款特别适合上班族的饮品，汇聚了众多营养元素，杏仁和核桃中都含有丰富的蛋白质，而菠菜中的镁元素不仅能够补脑健脑，还能缓解一天的工作疲劳呢。

主料

菠菜80克 | 干核桃150克 | 杏仁50克

辅料

椰子水300毫升

做法

1 干核桃去壳，剥出核桃仁，放入碗中。

2 将核桃仁和杏仁一起放入微波炉中，高火加热2分钟。

3 菠菜去根、洗净，切两段。

4 大火煮水，水开，放入菠菜，焯30秒后捞出沥干。

5 把熟菠菜、杏仁和核桃仁放入破壁机。

6 加椰子水，搅打3分钟即可。

烹饪秘籍

1 制作这款蔬菜汁，一定要选用原味杏仁，味道才纯正。

2 家里没有天然椰子水，可以用纯净水代替，然后加点蜂蜜，增添些甜度，喝起来更香浓。

这杯滋味浓郁、营养丰富的果蔬汁，醇香中带有菠菜的清新，淡绿的色泽，琼浆玉液般让人心动，加入甜甜的椰子水调味，喝起来更清爽。

留住时光的脚步

蔓越莓汁

15分钟　简单

营养贴士

这款蔓越莓汁含有丰富的维生素C和类黄酮素等抗氧化物质，可以有效延缓衰老，减少皱纹产生，长期饮用还能清除体内毒素，美容养颜，是很多女明星挚爱的不老法宝呢。

主料

蔓越莓果干10克 | 树莓30克
蓝莓125克

辅料

蜂蜜1汤匙 | 盐1茶匙

做法

1 将蔓越莓干洗净，放入温水中浸泡2分钟。

2 取两碗清水加盐，分别放入树莓和蓝莓，浸泡10分钟。

3 10分钟后，捞出树莓和蓝莓，用流水冲净。

4 将蔓越莓干、树莓和蓝莓一起放入破壁机中，加入蜂蜜和100毫升纯净水。

5 搅打2分钟后，装杯即可。

烹饪秘籍

蔓越莓干用温水浸泡变软，味道会更浓郁。树莓和蓝莓也可以用淘米水浸泡，去除表面的农药残留，更干净。

有点甜，还有点酸，甜而不腻，酸而清爽，如此美味的果汁还有着红中透亮的高颜值，你说，怎能让人不爱呢？

好气色可以喝出来。玫瑰的浓郁芬芳，蜜桃的香甜细腻，让这款果汁充满了成熟女人的味道，而淡淡的粉色，又像极了少女的情怀。如此诱惑，谁能抵抗？

女人如花自芬芳

玫瑰蜜桃汁

10分钟 简单

主料

蜜桃2个（约350克）| 玫瑰花5克

辅料

蜂蜜1汤匙

营养贴士

玫瑰与水蜜桃的搭配，不但能够理气和血，还能护肤美颜、淡化色斑，特别是水蜜桃中含有丰富的铁元素，能够增加血红蛋白，长期饮用会让皮肤变得红润有光泽。

做法

1 将玫瑰花用150毫升温水浸泡。

2 冷却后用漏网过滤出玫瑰水。

3 将蜜桃洗净，去皮、去核，切成小块。

4 将蜜桃块和玫瑰水一起放入破壁机中，加入蜂蜜。

5 搅打3分钟，装杯即可。

烹饪秘籍

尽量选择香味浓郁的玫瑰花，其味道纯正，不含香精，香气更持久。

拥抱年轻的秘密

葡萄甜瓜汁

10分钟 简单

谁不曾拥有甜蜜的青春？这款酸酸甜甜的果汁，入口的瞬间就会让你忆起那些年少的美好时光，忆起独属于我们自己的那个盛夏。

主料

葡萄200克
甜瓜1个（约150克）

辅料

淡盐水适量

营养贴士

葡萄常被多才的诗人比拟为宝珠，其不但滋味甜美，营养也配得上如此的赞美。它能够补血益气、养心健脾、缓解疲劳，强大的抗氧化效果还能延缓衰老，搭配可以消暑解热、减肥瘦身的甜瓜，更是拥有了永葆青春的秘密，让你越喝越年轻。

做法

1 将葡萄剪去梗，用淡盐水浸泡后洗净，切开、去子。

2 将甜瓜洗净，去皮、去蒂，横切，挖出子后切成小块。

3 将葡萄和甜瓜一起放入破壁机中，加入100毫升纯净水。

4 搅打3分钟，装杯即可。

烹饪秘籍

甜瓜也可以不用去皮，只需延长一下破壁机的工作时长就好，口感依旧会清爽细腻。

香甜妙方补气色

葡萄核桃汁

10分钟　简单

主料

葡萄200克 | 核桃50克

辅料

淀粉5克 | 盐5克

营养贴士

好气色能让人看上去更年轻。葡萄榨汁可以延缓衰老，淡化皱纹；而核桃能够补脑，改善记忆，对身体极为有益。每天晚上来杯葡萄核桃汁，可有效促进血液循环，让你第二天醒来拥有意想不到的好气色哟。

做法

1 先把葡萄剪去梗，放入装有清水的大碗中。

2 大碗中加入淀粉和盐，将葡萄浸泡3分钟后轻轻搓洗，捞出，沥干备用。

3 核桃去壳，剥出核桃仁，放入微波炉中，高火加热2分钟，轻捻去皮。

4 将葡萄放入榨汁机中榨汁备用。

5 将葡萄汁和核桃放入破壁机中。

6 搅打2分钟，装杯即可。

烹饪秘籍

1 葡萄无须去除皮和子，清洗时加入淀粉和盐便会洗得很干净，直接榨汁即可。

2 核桃仁如果不去皮，口感会略显粗涩，如果不介意，可以不用去皮。

这款散发着浓郁坚果风味的果汁，滋味极其特别，葡萄的甜搭配核桃的香，喝起来香甜可口，看起来也是充满异域风情呢。

这款地地道道的“土味”蔬果汁在西柚的中和下，其实也没有那么难以下咽哟，相反，独特的酸甜口感反而会让你上瘾呢。

润泽肌肤如新生

西柚甜菜汁

10分钟 简单

主料

西柚2个（约150克）
甜菜根2个（约80克）

营养贴士

甜菜有着“人体清道夫”之称，用来榨汁可以有效净化人体血液，排除毒素，搭配西柚，能让人气色变得红润，让肌肤变得光滑细腻。

做法

1 将西柚去皮，去除白色筋络，用力分瓣，切成小块。

2 将甜菜根洗净，去头、去尾，削皮，切成小块。

3 将甜菜根和西柚块一起放入破壁机中，加入50毫升纯净水。

4 搅打3分钟后，装杯即可。

烹饪秘籍

1 西柚的筋络发苦发涩，在剥西柚皮时，尽量把其去除干净，如果还有残留，可以在装杯后加勺蜂蜜调和一下。
2 甜菜根略带土腥味，建议先用水浸泡后再榨汁，土味会减少很多。

红颜知己惹人爱

牛奶火龙果汁

5分钟　简单

主料

红心火龙果1/2个（约100克）
纯牛奶1盒（200毫升）

辅料

薄荷叶2片

亮丽的色泽，满满全是诱惑，浓郁的奶香勾起食欲。来一口，细腻光滑，好喝到让你根本停不下来。

营养贴士

这道牛奶火龙果汁富含抗氧化的花青素，可有效清除体内自由基，延缓肌肤衰老，加上牛奶中的优质蛋白质，让你在美容养颜的同时还能强身健体，越喝越漂亮。

做法

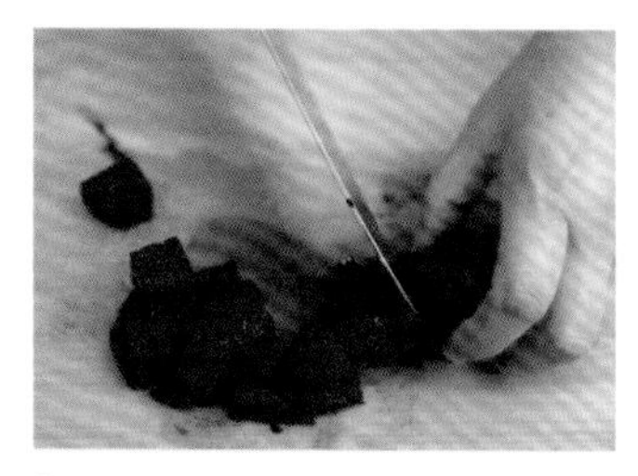

1 将红心火龙果洗净，去皮，切成小块。

2 将火龙果块、牛奶放入破壁机中。

3 打2分钟后倒入杯中。

4 放入薄荷叶做装饰，就可以饮用啦。

烹饪秘籍

火龙果表皮颜色越红、重量越重就越成熟，胖而短的要比瘦而细的更鲜嫩饱满多汁。选择“绣球”品种的红心火龙果更香甜，制作的果汁味道更浓郁。

青春容颜守护神

红酒雪梨汁

5分钟　简单

主料

红葡萄酒1杯（约150毫升）

雪梨2个（约350克）

辅料

蜂蜜1汤匙

甘甜清凉的梨汁中裹着一股淡淡的葡萄酒香，光滑细腻的口感极大满足了挑剔的味蕾，盛夏来一杯，清热解毒之余更能美容养颜。

营养贴士

雪梨是润肺止咳的好食材，有清热去火、养血生肌的功效，而红酒则能安神养颜，两者搭配在一起榨汁，特别适合工作繁忙的白领饮用，既能清热解乏，又能延缓衰老、改善肤色。

做法

1 将雪梨洗净，去皮、去核，切成小块，放入碗中。

2 将红葡萄酒和雪梨块放入破壁机中，打3分钟。

3 加入蜂蜜，搅拌均匀。

4 倒入杯中即可饮用。

烹饪秘籍

1 雪梨尽量选择外形近似等腰三角形的雌梨，其肉质鲜嫩，水分也多。

2 不宜选择太高档的葡萄酒，如果选择干红，建议先加纯净水稀释，口感会更好。

酸酸甜甜，治愈系果汁

苹果亚麻子汁

10分钟 简单

主料

苹果2个（约200克）
亚麻子20克

这道果蔬汁深受很多明星的喜爱，苹果的酸甜口感加上亚麻子的坚果风味，让它充满了浓郁的热带风情。

营养贴士

亚麻子一直以来都备受健康爱美人士的青睐，其所含人体必需的脂肪酸是深海鱼油的10倍。常喝这道果蔬汁，可以起到嫩肤亮肤的效果。

做法

1 将亚麻子放入小碗中，放入微波炉，高火加热2分钟。

2 苹果洗净，去皮、去核，切块。

3 将苹果用榨汁机榨出苹果汁。

4 将苹果汁和亚麻子一起放入破壁机中，搅打2分钟。

5 倒入杯中即可。

烹饪秘籍

1 亚麻子的外壳具有很强的水溶性，遇水会溶解，所以最好不要水洗，如需清洁，可用湿布擦一下。
2 建议把亚麻子弄熟后食用，香味会更浓郁，还能起到很好的脱毒效果。

别看这道果蔬汁搭配很奇特，但味道还是不错的。尽管圆白菜汁滋味厚重，但猕猴桃的甘甜酸爽会起到很好的调和作用，尝起来并不会黏稠，相反还有一丝清凉。

佛系养胃的良方

圆白菜猕猴桃汁

5分钟 简单

主料

圆白菜150克

猕猴桃2个（约100克）

辅料

柠檬2片 | 蜂蜜2汤匙

营养贴士

胃不舒服的时候，不妨常喝这道果蔬汁。圆白菜具有杀菌消炎的功效，含有溃疡愈合因子，对胃溃疡等疾病有很好的食疗效果，搭配猕猴桃，更能开胃消食。若是长期饮用，还能美容养颜，延缓衰老，白皙肌肤。

做法

1 圆白菜，分片，洗净，撕小块。

2 猕猴桃，去皮，洗净，切薄片。

3 把圆白菜和猕猴桃、150毫升纯净水、蜂蜜一起放入破壁机中，搅拌3分钟。

4 倒入杯中，放上柠檬片装饰即可。

烹饪秘籍

1 圆白菜选取靠近内心的部分，口感鲜嫩，水分也多。

2 成品用柠檬做装饰，不但可以调节口味，还能令蔬果汁不被氧化变色。

永葆粉色少女心

猕猴桃草莓汁

5分钟 简单

主料

猕猴桃5个（约200克）
草莓8颗（约80克）

这道果蔬汁精致得让人不得不爱，酸甜的口感，清新的味道，淡粉的色泽，让它如少女般让人只见一眼就心动。

营养贴士

美白是女人永远不变的话题。这道猕猴桃草莓汁富含维生素C，具有强大的抗氧化能力，在改善肤色、提升光泽的同时，还能有效减少皱纹，延缓衰老。

做法

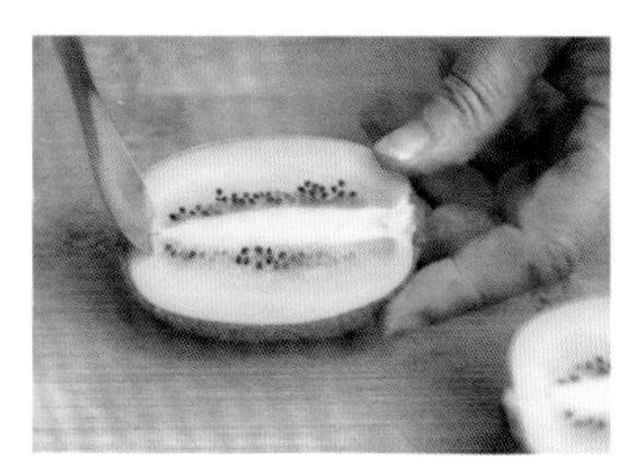

1 猕猴桃对半切开，用小勺挖出果肉。

2 草莓洗净后去蒂，对半切开。

3 将猕猴桃和草莓一起放入破壁机中，加入100毫升纯净水。

4 搅打2分钟，装杯即可。

烹饪秘籍

宜选取个头适中、红里带白的草莓，其味道甘甜不酸。在清洗草莓时，建议用淡盐水浸泡几分钟，再洗净、去蒂。

爱美就是爱自己

圣女果甘蓝汁

5分钟　简单

主料

圣女果15克 | 紫甘蓝100克

辅料

蜂蜜2茶匙 | 鲜柠檬10克

营养贴士

紫甘蓝富含膳食纤维，可清肠排毒，减少脂肪堆积。与圣女果搭配，整道果蔬汁的热量极低，还能令人有饱腹感，经常饮用，有助于减脂瘦身。

做法

1 将圣女果洗净，去蒂，切成两半。

2 将紫甘蓝洗净，按照纹路切成细丝。

3 将鲜柠檬洗净，取用1/4个，去皮、去子，切块。

4 将圣女果、紫甘蓝细丝和柠檬块一起放入破壁机中，加入蜂蜜和150毫升纯净水。

5 搅打3分钟，装杯即可。

烹饪秘籍

紫甘蓝特别容易氧化变色，加入柠檬汁后不但可以调味，还可以确保果蔬汁颜色更加艳丽，喝起来更有感觉。

紫色之中带点粉，没有哪一款果蔬汁能够有着如此绚丽的色彩了，而且味道也是意想不到的好，微甜中带点酸，喝起来特别有层次感。

乐饮足以忘烦忧

牛油果雪梨汁

15分钟 简单

主料

牛油果1个（约80克）| 雪梨1个（约300克）

辅料

白砂糖1/2汤匙（可省略）

营养贴士

这道营养丰富的果蔬汁特别适合爱美人士饮用，低糖的牛油果含有不饱和脂肪酸，可以美容养颜，延缓衰老，再搭配膳食纤维丰富的雪梨，更是有助于瘦身纤体。

做法

1 净锅大火煮水，水开，将牛油果放入。

2 牛油果在锅中煮30秒左右即捞出，浸泡在冷水中降温。

3 将冷却后的牛油果对半切开，去核，用勺子将牛油果肉挖出，切小块。

4 雪梨洗净后去皮、核，切小块。

5 把雪梨块放入榨汁机中，榨出原汁。

6 将榨好的梨汁和牛油果肉、白砂糖放入破壁机中，搅打1分钟即可。

烹饪秘籍

1 如何挑选牛油果：挑选果皮略显紫黑，手感软硬适中、饱满的成熟牛油果，味道更为香浓。

2 雪梨的口感比较粗糙，先用榨汁机榨汁，喝起来才有奶油般的细腻丝滑，更能满足你无比挑剔的舌头。

这道果蔬汁甘甜味美，牛油果的绵软润滑与雪梨的清爽多汁实现了味觉上的完美搭配。炎炎夏日，让不喜欢牛油果味道的人也能爱不释口呢。

清凉入口，甘甜入心，这道果汁的滋味美妙无比，既有西瓜的甜爽，也有苹果的微酸，解暑去燥，简直就是盛夏的福音。

天热给你降降火

西瓜苹果汁

5分钟　简单

主料

西瓜200克
苹果2个（约150克）

辅料

鲜柠檬1薄片

营养贴士

这款西瓜苹果汁几乎保留了西瓜和苹果的所有营养成分，不仅可以生津解渴、清热去烦，还能消除水肿、提升食欲，坚持饮用还有排毒养颜的效果，让你越喝越美丽。

做法

1 将苹果洗净，去皮、去核，切成小块。

2 西瓜用勺子挖出块状，无须去子。

3 将苹果块和西瓜块先后放入榨汁机中，榨出果汁。

4 倒入杯中搅匀，放入柠檬片装饰即可。

烹饪秘籍

如果更喜欢喝冷饮，西瓜可以先放入冰箱中冰镇一下，榨汁时一定要把西瓜放在上面，这样才能榨出更多西瓜汁。

喝出红润好气色

红枣苹果汁

5分钟　简单

主料

红枣30克 | 苹果2个（约200克）

辅料

蜂蜜1茶匙

要说好喝又养颜的果汁，非它莫属了。甘甜的枣味中裹着丝丝果香，满满都是维生素，补血护肤还减肥，让人怎能不爱喝？

营养贴士

红枣被称为“天然维生素丸”，可谓是大自然对女人的恩赐，补血养颜的同时还能镇静安神，和苹果一起榨汁饮用，更能减肥瘦身，让你保持苗条身姿。

做法

1 将红枣洗净，去核，切成小块。

2 苹果洗净，去皮、去核，切成小块。

3 将红枣和苹果一起放入破壁机中，加入蜂蜜和100毫升纯净水。

4 搅打3分钟，装杯即可。

烹饪秘籍

干红枣比较难去核，可以先用温水浸泡一会儿，当其变软后，用硬吸管从蒂把处轻轻一捅，就可以去核了，而且浸泡过的果肉更软嫩，制作果汁效果更好。

来杯诱惑梦幻紫

紫甘蓝黄瓜苹果汁

5分钟　简单

营养贴士

谁说减肥的果蔬汁一定很难喝？这道果蔬汁酸甜可口，充分满足你的味蕾。其丰富的花青素，对改善肤色、减少色斑有着很好的效果。常喝不但能美容养颜，还能增强免疫力，让你越喝越健康。

主料

紫甘蓝100克 | 黄瓜1根（约80克）
苹果1个（约100克）

辅料

蜂蜜1汤匙

做法

1 紫甘蓝洗净，分片，切丝。

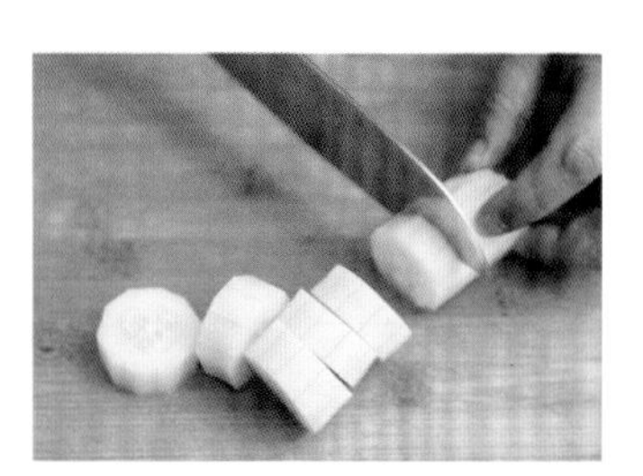

2 黄瓜洗净，去皮，切小段。

3 苹果洗净，去皮、去核，切小块。

4 将紫甘蓝，黄瓜和苹果放入破壁机中搅打2分钟。

5 倒入杯中，加入蜂蜜搅拌即可。

烹饪秘籍

紫甘蓝可以生食，无须过沸水，建议在洗净后，入淡盐水中腌制一会儿，其口感会更清爽，颜色也会变得更艳丽。

这道颜值巨高的果蔬汁，征服你的不仅仅是视觉，还有酸甜清新的口感。如此艳丽的色泽，绝对是颜控们的不二之选。

消食减脂出大招

莴笋木瓜汁

5分钟 简单

主料

莴笋100克 | 木瓜1个（约350克）

辅料

蜂蜜1汤匙 | 柠檬1薄片

营养贴士

天热的时候吃什么都没有食欲，这时候来杯莴笋木瓜汁吧，其可以提升食欲，促进消化，消除水肿，让人变得轻盈有活力，对减肥瘦身也有着很好的效果，坚持常喝，还能美容养颜呢。

做法

1 莴笋去皮、洗净，改刀，切成小块。

2 木瓜洗净，去头尾后削皮，对半切开后去子。

3 将去子后的木瓜切成小块，备用。

4 将莴笋块和木瓜块一起放入破壁机中，加入蜂蜜和100毫升纯净水。

5 搅打3分钟，装杯，放上柠檬片即可。

烹饪秘籍

莴笋是可以生吃的，焯水容易破坏其营养，莴笋皮具有较强的苦涩味，建议削皮后再榨汁，否则会影响口感。

这是一道看上去翠绿、喝起来清爽的饮品，味道清香自然，莴笋的微苦搭配木瓜的香甜，让你时时刻刻都能感受到夏日的清凉。

轻松告别小肚腩

苦瓜白萝卜汁

10分钟 简单

营养贴士

苦瓜不但自身热量低，还含有的清脂素和膳食纤维，可以调节肠胃吸收，增强脂肪代谢能力，减少脂肪堆积；而白萝卜润肠通便，利水消肿，两者搭配，特别利于纤体瘦身。但需要注意，两者都属寒性食物，脾虚胃弱者不可多食。

主料

苦瓜1根（约80克）| 白萝卜200克

辅料

冰糖10克

做法

1 苦瓜洗净，切开后去子，刮出白瓤，切成丁。

2 净锅加冷水，大火煮开，放入苦瓜丁焯水，捞出沥干。

3 白萝卜洗净，削皮，切成小块。

4 将苦瓜丁和白萝卜块一起放入破壁机中，加入冰糖和100毫升纯净水。

5 搅打3分钟，装杯即可。

烹饪秘籍

苦瓜瓤的苦味浓重，口感粗糙，建议去除干净后再榨汁，如果不介意苦味，可以不用开水焯。

这款蔬菜汁因其味道的独特而令很多人望而却步，其实只要做法得当，还是可以接受的。苦瓜的微苦加上白萝卜的清甘，再放些冰糖，别有一番风味呢。

这杯看上去绿油油的饮品，以其纯天然的清香滋味赢得了很多减肥人士的喜爱。食材的随处可见更是让它做起来毫无难度，物美价廉可不就是说它嘛。

喝出曼妙好身材

生菜黄瓜汁

5分钟　简单

主料

生菜200克 | 黄瓜1根（约80克）

辅料

蜂蜜2汤匙

营养贴士

只要吃对了食材，减肥从来不是问题。这款果蔬汁历来都是减肥人士的最爱。黄瓜搭配生菜，再调入些蜂蜜，在消耗身体多余脂肪的同时，还能使肌肤更加光滑细腻，这对于那些一胖就容易长痘的人来说，有很好的帮助！

做法

1 生菜洗净，切小段。

2 黄瓜洗净，削皮，去除瓜蒂，切小块。

3 将生菜和黄瓜放入破壁机中，加入蜂蜜和50毫升纯净水。

4 搅打2分钟，装杯即可。

烹饪秘籍

生菜略带苦味，加入蜂蜜可以调和口味。黄瓜不去皮也可以，但建议用盐水搓洗，会更干净，但味道会有点涩，不如去皮之后好喝。

神奇天然的消炎药

白菜土豆汁

5分钟　简单

主料

白菜200克 | 土豆1个（约80克）

辅料

蜂蜜2汤匙

土豆汁黏稠浓密，配上清爽甘甜的白菜汁，这道具有神奇疗效的天然蔬菜汁，成了很多人美白靓肤的必备，而且口感也很不错，绝对让你饮后难忘。

营养贴士

土豆中富含的营养物质能够增强免疫力，而白菜中的天然抗菌元素则有消炎的作用。女生常喝这款蔬菜汁，还能美容嫩肤、减肥瘦身呢。

做法

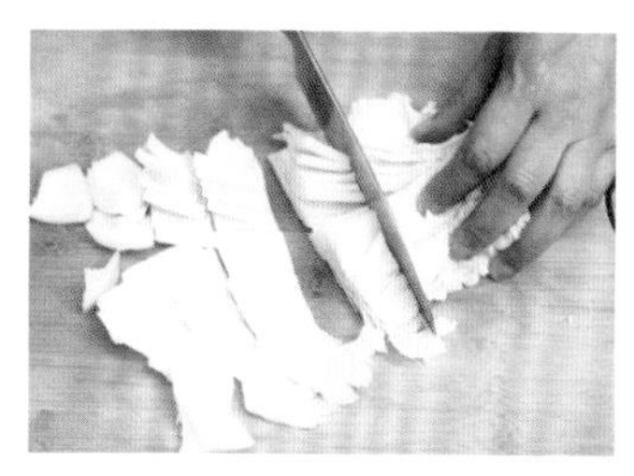

1 白菜择去坏叶后，横向切开，切成小块。

2 土豆洗净，去皮，切成小块，放入冷水中浸泡，上锅蒸熟。

3 锅中加水煮沸，分别放入白菜和土豆，汆熟后沥水备用。

4 将白菜块和土豆块一起放入破壁机中，加入蜂蜜和50毫升纯净水。

5 搅打3分钟后，装杯即可。

烹饪秘籍

白菜中含有大量水分，所以打汁时可以少加或不加水。

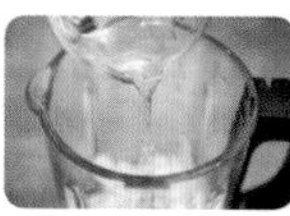

初恋是什么味道？甜蜜中时刻带有丝丝酸涩。青苹果的清脆微酸加上香蕉的香甜软滑，两者完美融合，让你在喝到的那刻，便想起了曾经单纯美好的时光。

青苹果香蕉汁

5分钟　简单

主料

青苹果1个（约100克）
香蕉2根（约150克）

辅料

蜂蜜1茶匙

营养贴士

这道热量极低的青苹果香蕉汁，能够促进肠胃蠕动，帮助消化，其丰富的膳食纤维还能抑制饥饿感。

做法

1 青苹果洗净，削皮、去核，切小块。

2 香蕉剥皮，切成小段。

3 将青苹果块和香蕉块一起放入破壁机中，加入蜂蜜和100毫升纯净水。

4 搅打2分钟，装杯即可。

烹饪秘籍

用淡盐水清洗青苹果，可以有效去除掉果皮表面的残留物。炎热的夏季，将果蔬汁放在冰箱里冷藏一下，口感会更好哟。

助力苗条俏身姿

鲜榨紫洋葱汁

5分钟　简单

主料

紫洋葱2个（约200克）| 鲜柠檬半个

辅料

蜂蜜2汤匙

这杯紫色的诱惑带着“刺”，味道辛辣，极具刺激性，喝它可是需要些勇气的，当然回报也是丰厚的，其对身体的好处让很多人跃跃欲试。

营养贴士

洋葱含有前列腺素A，能降低血液黏稠度，对降低血压有一定食疗效果。此外，洋葱中的杀菌素有很强的杀菌能力，可有效抵御流感病毒，预防感冒。

做法

1 紫洋葱去皮，横切两半后，沿着纹路切成小丁，放入碗中。

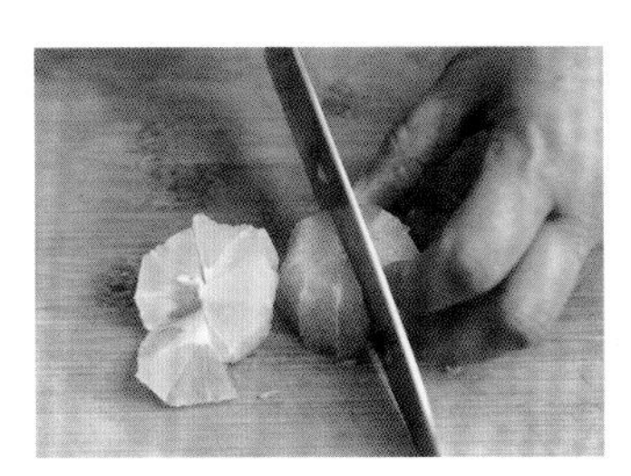

2 鲜柠檬洗净、去皮、去子，切成小块。

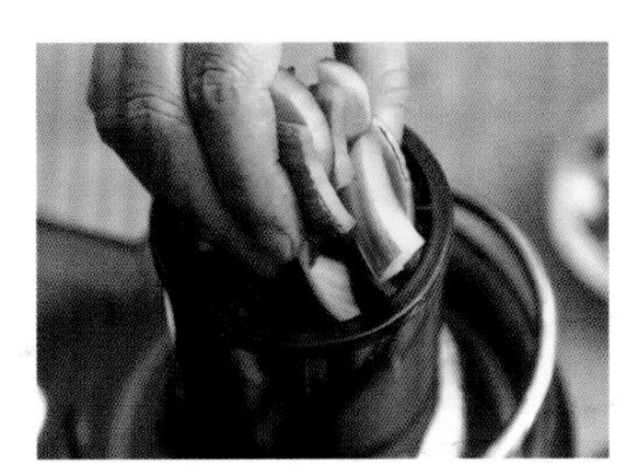

3 将洋葱和柠檬用榨汁机榨出汁。

4 再放入蜂蜜和100毫升纯净水，搅拌均匀。

5 倒入杯中即可饮用。

烹饪秘籍

洋葱搭配柠檬汁和蜂蜜后，喝起来不会太呛，放入冰箱里冷藏后再饮用，口感会更好。

素颜女神爱喝它

橙子雪梨苹果汁

5分钟　简单

主料

苹果1个（约100克）
雪梨1个（约150克）
鲜橙1个（约100克）

营养贴士

这道果汁汇合了三种水果的丰富营养。饭后饮用，既能解油腻、消积食、促进肠道蠕动，还能润燥滋阴、美容养颜、增强免疫力。酒后来一杯，可有效缓解头痛恶心的症状。

做法

1 苹果洗净，去皮、去核，切小块。

2 雪梨洗净，去皮、去心，切小块。

3 鲜橙剥去果皮，分瓣切块。

4 将鲜橙放入榨汁机中，榨出橙汁。

5 将橙汁和雪梨块、苹果块一起放入破壁机中。

6 搅打2分钟，装杯即可。

烹饪秘籍

雪梨和苹果富含膳食纤维，榨成果汁后口感相对粗糙，如果介意，可延长破壁机工作时间，以达到细腻的口感。

这杯诱人的黄色是抵不住的诱惑，清爽怡人的酸甜滋味，让你在入口时仿佛感受到了凉风吹过。

浓浓的果香，满满都是维生素的味道，这道甜蜜中带点微酸的果汁，只要喝过一次便不再忘怀。下班回家来一杯，解乏更开胃，还能增强免疫力呢。

下班来杯解解乏

桃子青橘汁

5分钟　简单

主料

青橘10颗（约80克）
桃子2个（约100克）

辅料

蜂蜜1汤匙

营养贴士

别小看了青橘，常吃它可以提高身体免疫力，天气寒冷的时候还能预防感冒。与桃子一起榨汁，还有止咳化痰的效果。

做法

1 青橘洗净，去蒂，一分为二切开，去子。

2 桃子洗净，去皮后切开，去核，切成小块。

3 将青橘和桃子一起放入破壁机中，放入蜂蜜和100毫升纯净水。

4 搅打3分钟，倒入杯中，即可饮用。

烹饪秘籍

青橘和桃子都无须去皮，清洗时建议分别在淡盐水中浸泡10分钟左右，再轻轻搓洗，用流水冲净就可以了。

清甜入口更怡人

黄瓜香橙汁

5分钟　简单

主料

香橙1个（约150克）| 黄瓜1根

辅料

蜂蜜1汤匙

这道看起来就格外清爽的果蔬汁，味道也名副其实，黄瓜的甘甜爽口，搭配香橙的浓郁果香，既有蔬菜的田园气息，也充满水果的甜蜜之美。

营养贴士

经常食用黄瓜能润泽肌肤、舒缓皱纹。香橙中含有丰富的膳食纤维和维生素C，搭配黄瓜榨汁，减肥瘦身的同时还能美容养颜，增强身体免疫力。此外，这道果蔬汁也能够去肺热，防止喉咙干痒，对风热感冒有很好的缓解效果。

做法

1 黄瓜洗净，削皮，切段。

2 香橙洗净，一切为四，剥皮分瓣。

3 将黄瓜和香橙放入破壁机中，加入100毫升纯净水，搅打2分钟。

4 倒入杯中，加入蜂蜜搅拌即可。

烹饪秘籍

用破壁机榨出来的果汁会有些果渣，要想口感更加细腻，可以选用原汁机分别榨汁，然后再混合饮用。如果喜欢爽口一些，成品后加点水冲淡一些即可。

雪梨清脆爽口，香蕉软糯顺滑，这道酸酸甜甜的果汁，喝起来舒服无比，入口之后自带一股清凉，特别适合在吃完火锅后饮用。

好滋味更解火辣

香蕉梨子汁

5分钟　简单

主料

香蕉2根（约200克）
雪梨1个（约150克）

营养贴士

嗜辣如命的人，两三天不吃辣就觉得生活没有滋味。但爽完之后肠胃受不了。这杯香蕉梨子汁清凉可口，不但能够解辣去火，缓解肠胃不适，富含的膳食纤维还能够促进消化，帮助身体及时排除毒素。

做法

1 香蕉剥皮，切成小块。

2 将雪梨洗净，去皮、去核，切成小块。

3 将雪梨放入榨汁机中，榨出梨汁。

4 将梨汁和香蕉块一起放入破壁机中。

5 搅打2分钟后，装杯即可。

烹饪秘籍

雪梨的果肉比较粗糙，先用榨汁机榨出原汁后再跟香蕉搅拌，口感会更加细腻。

慢性胃炎者的福音

红枣生姜汁

10分钟 简单

这道红枣生姜汁历来都是女生的“好闺蜜”，甜中带点辛辣，喝完之后浑身都会暖暖的，不舒服的那几天喝，更能解乏补气，让人有精气神儿。

主料

红枣50克 | 枸杞子约5克
生姜10克

辅料

蜂蜜1汤匙

营养贴士

现代人饮食不规律，导致胃口也不好。这款红枣生姜汁可健脾养胃。红枣补气，生姜散寒，搭配在一起榨汁，可以有效防止慢性胃炎，而且天气寒冷的时候，还能够预防感冒，提高免疫力。

做法

1 将红枣洗净，对半切开，去核。

2 将枸杞子洗净，放入碗中备用。

3 生姜洗净，去皮，切末。

4 将红枣、枸杞子和生姜一起放入破壁机中，放入蜂蜜和100毫升纯净水。

5 搅打3分钟后，倒入杯中即可饮用。

烹饪秘籍

清洗红枣时，建议在水中先放点淀粉和盐，浸泡5分钟后搓洗，再用清水冲洗干净。

令人满足的饱腹感

番茄芹菜汁

5分钟　简单

主料

番茄2个（约250克）| 芹菜50克

辅料

蜂蜜1汤匙

营养贴士

想减肥还想变白？这等美事真的存在。这道果蔬汁因番茄的加入，含有了丰富的维生素A和维生素C，让你在瘦身的同时又改善肤色。此外，它还能够净化血液，降低血压，特别适合老年人饮用。

做法

1 番茄洗净，用开水从上到下烫一下，去皮，切小块。

2 芹菜择叶、去根，洗净，切成小段。

3 将芹菜放入榨汁机中，榨取芹菜汁。

4 将番茄块和芹菜汁、100毫升纯净水放入破壁机中，加入蜂蜜。

5 搅打2分钟，装杯即可。

烹饪秘籍

1 建议选用肉多的西芹，榨出的原汁密度大，味道也更浓郁。

2 如果想制造出双层分离的装杯效果，可分开榨汁后再装杯，并且在芹菜汁里加些蜂蜜，密度会更大哟。

红配绿绝对是经典，在果蔬界也是如此，这款果蔬汁滋味奇妙无比，喝起来会有满满的饱腹感哟。

多喝能够抗感冒

胡萝卜土豆汁

5分钟　简单

主料

胡萝卜2根（约150克）| 土豆1个（约80克）

辅料

蜂蜜2汤匙

营养贴士

有着“小人参”之称的胡萝卜，含有丰富的维生素和胡萝卜素，能够清肝明目，美容养颜。土豆则被称为“穷人的面包”，对恢复体力、增强体质有着很好的效果。两者榨汁可增强免疫力，预防感冒。

做法

1 胡萝卜洗净，削皮，切成小块。

2 土豆洗净，削皮，切成小块，放在水中浸泡一会儿。

3 锅中加入水，煮沸后放入土豆，氽熟后沥水备用。

4 将胡萝卜块和土豆块放入榨汁机中榨汁。

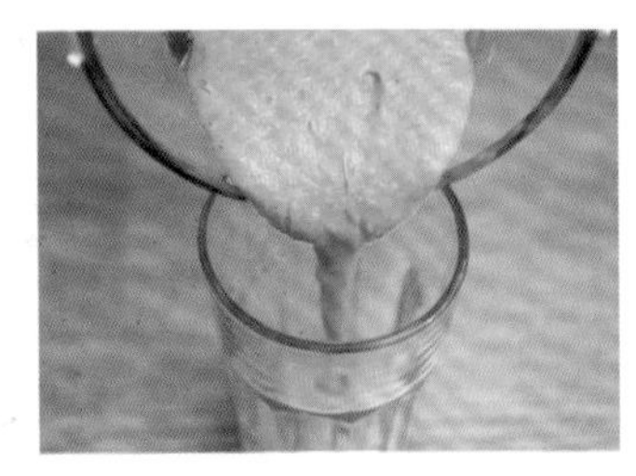

5 加入蜂蜜搅拌均匀后，装杯即可。

烹饪秘籍

把切好的土豆块放在凉水中浸泡，不但可以将淀粉泡出，还可确保它不会立即被氧化而变色。

这款蔬菜汁较为黏稠，胡萝卜的甘甜，土豆的清香，再加上蜂蜜，爽滑可口，甚是让人喜爱。

有它不再怕风寒

油菜胡萝卜汁

15分钟 简单

营养贴士

油菜算是含钙量很高的蔬菜了，多吃能够强身健体。胡萝卜益肝明目，保护视力，两者搭配榨汁，能够增强免疫力，预防呼吸道疾病，秋冬季节多饮用，风寒感冒远离你。

主料

油菜300克 | 胡萝卜1根（约150克）

辅料

蜂蜜2汤匙

做法

1 油菜洗净，切碎。

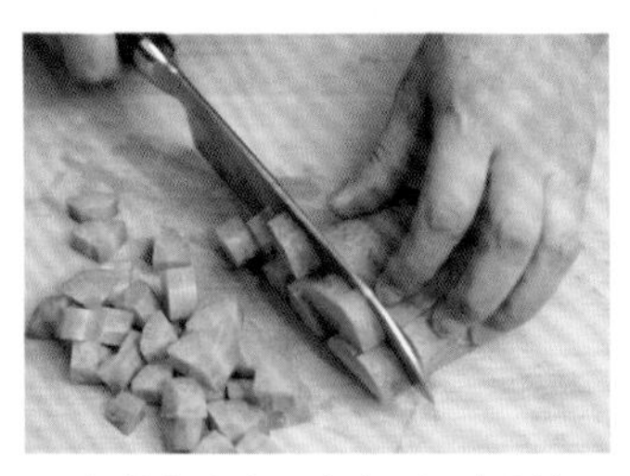

2 胡萝卜洗净，去皮，切成小块。

3 胡萝卜用榨汁机榨出胡萝卜汁。

4 锅中加水煮沸，放入油菜碎，汆熟后沥水备用。

5 将油菜碎和胡萝卜汁一起放入破壁机中，加入蜂蜜。

6 搅打1分钟，倒入杯中即可饮用。

烹饪秘籍

1 清洗油菜时，可以先在清水中浸泡10分钟左右，有助于去除农药残留。

2 如果喜欢咸味，搅打时把蜂蜜换成少许盐就可以啦。

不得不承认，油菜和胡萝卜放在一起榨汁确实不常见，但不常见不意味着不好喝，这款蔬菜汁味道清香甘甜，浓浓的田园味道让身居大城市的你，仿佛一下子置身山野。

这道纯天然蔬菜汁，喝起来有一股田园特有的清香，西蓝花的清爽，胡萝卜的甘甜，滋味浓淡相宜，营养也是分外全面哦。

不舍浓浓田园情

西蓝花胡萝卜汁

5分钟　简单

主料

西蓝花300克 | 胡萝卜1根

辅料

蜂蜜1/2汤匙

营养贴士

西蓝花有很好的防癌效果，而胡萝卜则是众所周知的护眼佳蔬。两者搭配榨汁，简直就是专为上班族定制的健康饮品。工作之外，也要照顾好身体哦。

做法

1 西蓝花去蒂，洗净，掰成小朵备用。

2 胡萝卜削皮，洗净，切块备用。

3 把西蓝花和胡萝卜放入破壁机中，倒入100毫升纯净水，搅打3分钟。

4 倒入杯中，加入蜂蜜即可。

烹饪秘籍

1 西蓝花和胡萝卜生着榨汁，无须用沸水焯熟，滋味更浓郁，营养也更全面。

2 加入蜂蜜可以调和西蓝花的微苦，使口感清爽甘甜，特别适合炎热的夏日饮用。

第二章 来一碗暖心的甜汤

美味甜汤的煲煮技巧

1 干货谷物提前泡

干货、谷物的质地都比较坚硬，需要提前泡发。像干百合、银耳等食材，提前 2 小时左右泡发最恰当。而红枣、枸杞子等较软的食材，冲洗泡软就可以了。红豆、黄豆、黑豆、薏米等食材，需要提前 8~10 小时泡发，泡过之后再放到冰箱里冷藏 1 小时左右，软硬刚刚好，也更容易煮熟，不费时间。

2 新鲜果蔬最后放

果蔬类食材要注意放入的时间，建议在熬煮的最后放入，这样滋味和口感都恰到好处。如果熬煮时间过久，果蔬会让汤变酸，影响味道。

3 大火煮开小火煲

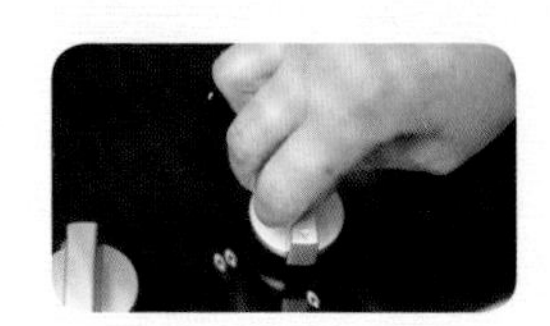

一般来说，建议前半小时用大火把汤煮开，然后转小火慢慢熬煮，保持汤面小滚的状态即可。这样既能保证食材的营养和味道完全释放，也能让各类营养得到充分融合，口感更佳。

4 选对锅具很重要

采用砂锅来煮甜汤绝对是最好的选择，这种以陶土为原料烧制出来的锅具，虽然升温慢，但却受热均匀，而且能长时间保温，特别适合豆类等食材的小火焖炖。此外，砂锅不会和任何食材发生反应，所以熬煮出来的甜汤营养丰富，滋味醇厚，能够真正实现原汁原味。不过需要注意，使用砂锅时切忌骤冷骤热，否则容易炸裂。

用糖需要精挑细选

细砂糖——色泽白如雪

细砂糖，也就是我们常说的白砂糖，结晶颗粒如沙，颜色洁白，杂质比较少，甜味纯正。在制作清澈透亮的甜汤时，选用白砂糖不会影响甜品本身的色泽。

冰糖——中药也甘甜

冰糖是由白砂糖提纯精制而来，纯度更高，杂质更少，可以用于口感更为讲究挑剔的饮品，如咖啡、奶茶等。冰糖的甜度与白砂糖无异，所以如果没有白砂糖，也可以用冰糖来代替。冰糖性平，具有清热消暑的功效，尤其适合夏季食用。

红糖——东方巧克力

红糖属于粗制糖，杂质较多，甜度也高，营养成分也更多一些。红糖具有补血益气、增强活力的功效。在煮制甜汤时，红糖是常见的作料，特别是在寒冷冬季，喝碗加了红糖的甜汤，暖胃暖身更暖心。

黑糖——口齿留焦香

黑糖和红糖类似，只不过有股焦香味，且甜度比较低。在熬煮甜汤时很少会用到黑糖，因为其独特的风味很容易抢去甜品自身的味道。不过，块状黑糖却是很多甜品的佳配，它在黑糖基础上进行了浓缩，纯度和甜度都比较高，用来搭配咖啡，深受焦香口味爱好者的喜爱。另外，桂圆红枣汤也适合用块状黑糖来调味。

黄糖——甜蜜的黄金

黄糖，又称二砂糖，与白砂糖甜度类似，但却有股蔗糖的香味，而且颜色呈现淡黄色。黄糖在所有糖类中算是最天然的了，保留了甘蔗的原汁原味。与此同时，在很多需要提色的甜汤中，黄糖也都有着一席之地，比如黄糖炖雪梨，便是借黄糖来增添甜品的美观度。

养生甜汤常备食材

黄豆——植物牛奶

黄豆富含蛋白质、维生素、钙、铁等营养素，特别是富含异黄酮，对女性十分有益。常吃黄豆有助于美容养颜、延缓衰老。在选购黄豆时，要挑选豆粒饱满、金黄有光泽的，可以咬一下，发音清脆的干燥黄豆更利于长时间存储。

红豆——养心之谷

生活中，我们常见的红豆有两种，一种是红小豆，一种是赤小豆，这两种经常被混淆。红小豆略显椭圆，外形较大，而赤小豆则身形细长，像个小圆柱。因为红小豆煮熟之后会变得软糯，所以常用来做各种点心，而赤小豆在煮过之后也颗粒分明，不易被煮开花，所以多用于做甜汤或者熬粥。两者在营养功效上差别不大，不过如果希望祛湿，赤小豆会更好一些，中医上入药也多选赤小豆。

绿豆——绿色珍珠

夏天，几乎家家都会煮绿豆汤来降火消暑。绿豆能够解毒的功效更多源于绿豆内部的物质，所以在熬煮绿豆汤时，一定要把绿豆煮开花再喝，这样才更有效果。新鲜绿豆会呈现青绿色，不要选颜色太过艳丽的，避免买到染色的绿豆。此外，个头适中、表皮光滑没有虫孔，闻着有股清香味的为佳。

黑豆——补肾佳品

黑豆拥有丰富的营养物质，对肾有很好的滋补作用，头发稀疏、掉发严重者可以常吃。黑豆富含蛋白质，用来煮甜汤，在工作和学习间隙饮用，有助于提升效率，还可以改善沮丧情绪，缓解压力。挑选黑豆时要搓一下，看其是否掉色，如果掉色就是假的。

黑芝麻——乌黑亮发

黑芝麻也有补肾作用，可改善发质，还能补钙，其钙含量远远超过鸡蛋和牛奶。芝麻的含油量特别高，所以不能多吃，否则容易发胖。好的黑芝麻看上去有光泽，颗粒大小差不多，很少会出现碎粒。如果不放心，可以嚼一下，好的黑芝麻发香，且有一丝甘甜。

薏米——药食兼优

薏米药用时，主要用于消除水肿，排出湿气等；而用来煮饭熬汤则营养丰富，极易被人体吸收。工作劳累、疲乏困倦时喝碗薏米汤，能够补气提神。此外，薏米对改善肌肤也有着良好的效果，能够减少皱纹和淡化色斑，如果脸上长粉刺也可以试试。

红枣——益气养颜

红枣作为补血益气的佳品，算是甜汤中的必备食材了。其富含维生素，有着美容养颜的功效，自古以来就备受爱美女士的青睐。但红枣皮厚，不可多吃，否则不好消化。建议煮着吃，熬粥或者泡茶都是很好的选择。购买红枣时要看一下颜色和外形，好的红枣多呈酒红色，色泽均匀，外形圆整饱满，摸上去光滑而厚实。

银耳——平民燕窝

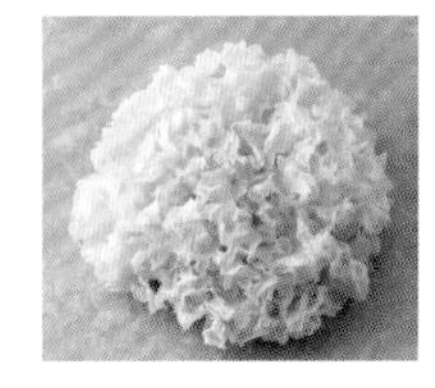

银耳的滋补功效自古以来就备受人们的推崇，在古代，更是被皇家当做延年益寿的良药来食用。银耳也是餐桌上常见的熬汤食材，其口感爽滑，滋味香醇，搭配红枣、雪梨等，有助于润燥补肺、美容养颜。制作银耳汤是个技术活儿， 建议选用砂锅来慢慢熬煮，这样才能胶质黏稠，口感滑润。

枸杞子——近视眼患者的福音

在人人都用眼过度的当下，煮汤、熬粥、泡茶时，放点枸杞子有助于保护眼睛。此外，常吃枸杞子还可以缓解疲劳、补血补气。选购枸杞子时，切忌被“色”所迷惑，优质的枸杞子并不鲜红艳丽，而是略呈暗红色，个头大小均匀。

桂圆——闺中密友

很多女性爱吃桂圆，不管是鲜吃还是用来煮汤，都可以补充气血、滋养心脏，特别是有安神的食疗功效。新鲜的桂圆肉质厚，颜色半透明，尝起来柔软甘甜；晒干的桂圆外壳完整，很容易捏碎，果肉尝起来软糯，没有什么渣滓。

香甜浓汁喝起来

奶香玉米汁

25分钟　中等

主料

水果玉米2根（约200克）
纯牛奶1盒（约200毫升）

营养贴士

这杯奶香玉米汁含丰富的营养物质，不仅可以满足身体所需的热量，还能够补气益气、提高免疫力，让你一天都精神饱满、心情愉快。

做法

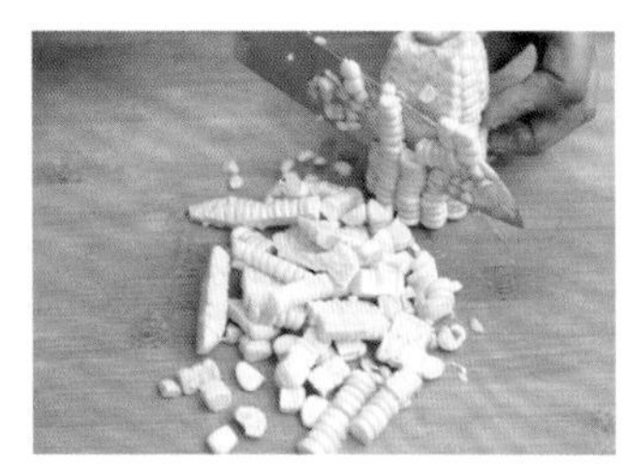

1 玉米洗净，用刀将玉米粒切下。

2 净锅，放入玉米粒和200毫升纯净水。

3 大火煮开，改用小火煮10分钟左右。

4 用漏勺将玉米粒捞出、放凉。

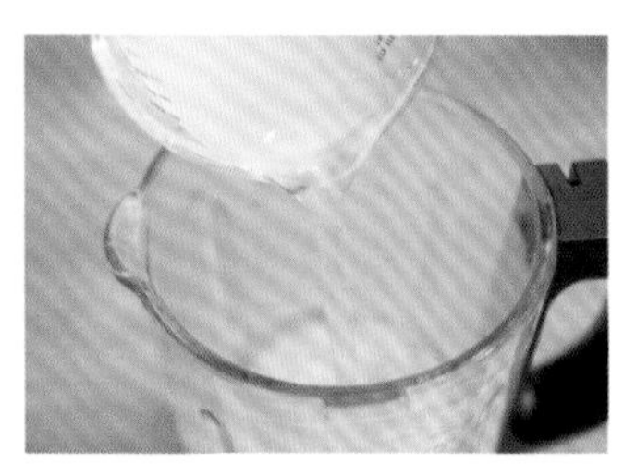

5 将玉米粒和煮玉米的热汤一起倒入破壁机中，加入纯牛奶，搅打3分钟。

6 将玉米牛奶汁倒入奶锅中加热至70℃左右。

7 倒入杯中，稍凉即可饮用。

烹饪秘籍

一定要选鲜嫩的水果玉米（甜玉米），其水分多，味道甜；老玉米皮厚渣多，影响口感。

甜糯的玉米，浓郁的奶香，加上顺滑的口感，让这款甜汤备受人们的喜爱，特别是在天气变凉的清晨来一杯，暖身饱腹，更贴心。

据说喝了会变聪明

南瓜核桃糊

15分钟 中等

主料

南瓜200克 | 核桃80克

辅料

蜂蜜1汤匙 | 黑芝麻5克

营养贴士

对于整天忙碌不停的脑力工作者来说，这道甜汤绝对是补脑健脑的上佳选择，而且多吃南瓜还能够镇静安神，增强免疫力。核桃有着顺气补血、延年益寿的功效，两者搭配，对身体的滋补效果更是翻倍。

做法

1 南瓜洗净，去皮，切块。

2 干核桃去壳，剥出核桃仁。

3 将核桃仁放入微波炉中，高火加热3分钟，轻捻去皮。

4 将南瓜块和核桃仁一起放入破壁机中，加入100毫升纯净水。

5 搅打3分钟后倒入锅中。

6 开大火煮开后转小火，加入蜂蜜。

7 用勺子不断搅拌，至汤汁黏稠。

8 关火，倒入杯中，撒上黑芝麻装饰即可。

烹饪秘籍

在煮南瓜糊的过程中，一定要用勺子不停搅拌，以防糊底粘锅。

细腻软糯的口感，透着南瓜的丝丝清甜，橙黄的色泽让人看到的瞬间便勾起了食欲，只想大快朵颐！

这是一道家家户户都会做的甜汤，滋味甘甜，没有丝毫的萝卜味，特别适合在天干气燥的秋冬季节饮用。

此时“咳”不容缓

白萝卜雪梨水

50分钟 简单

主料

白萝卜200克 | 雪梨1个（约100克）

辅料

冰糖10克

营养贴士

每到秋冬季节，带多少层口罩也挡不住雾霾的侵袭，喉咙发干发痒的时候，多喝点白萝卜雪梨水，白萝卜和雪梨都是止咳化痰的宝物，强强联合，不但能够润肺去火，还能够开胃健脾、促进消化呢。

做法

1 白萝卜洗净，削皮，切成细丁。

2 雪梨洗净，去皮、去核，切成小块。

3 净锅注入500毫升纯净水，放入萝卜丁和雪梨块，加冰糖，大火煮开。

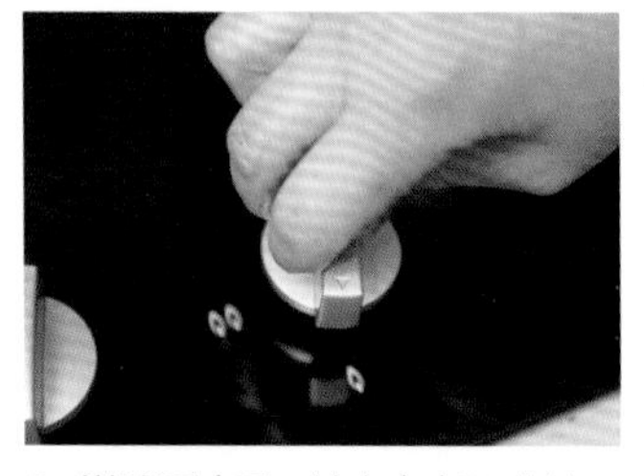

4 撇除浮沫后，转中火煮30分钟。

5 关火闷5分钟后，用汤勺取汁水盛入碗中，即可饮用。

烹饪秘籍

白萝卜可以切成细丝，会煮得更透。关火后，白萝卜雪梨水先不着急开锅，闷一会儿，味道更浓郁。

口齿生香

桂花姜糖水

20 分钟 简单

甜蜜中带有一丝老姜的辛辣，细细品味，还有淡淡的桂花香气。这道甜汤的滋味一定会让你难忘，感冒的时候来一杯，顿觉神清气爽。

主料

干桂花5克 | 老姜10克 | 枸杞子8克

辅料

方块黑糖2块

营养贴士

忙碌了一天，身心俱疲，下班回家后不妨先喝杯桂花姜糖水。其芳香的气味可以缓解疲惫，改善心情。甜中带点辛辣的糖水，还能够清咽润喉，止咳化痰，让说了一天话的喉咙也得到舒缓。

做法

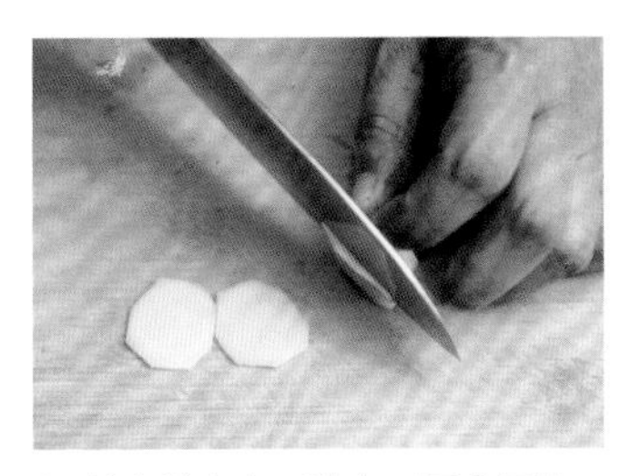

1 将老姜去皮，洗净，切成细片。

2 枸杞子洗净，备用。

3 将姜片、枸杞子和黑糖一起放入锅中，加入500毫升纯净水，大火煮开。

4 转小火熬10分钟，放入桂花。

5 关火闷1分钟后，盛入碗中，即可饮用。

烹饪秘籍

1 熬姜糖水时，建议选用老姜，其姜味更浓，食疗效果也更好。

2 加入桂花后闷一会儿，可以将桂花香全部释放出来，喝起来芬芳四溢。

莲藕红枣汤

90分钟 简单

主料

莲藕200克 | 红枣10克

辅料

冰糖10克 | 陈皮3克

营养贴士

很多人忙起来就忘了吃饭，经常这样会导致气血不足，皮肤干燥。红枣莲藕汤是一道补血养胃的甜汤，能够增进食欲，补充气血，爱美的人经常饮用，还会改善气色，更显美丽哟。

做法

1 将莲藕洗净，去皮，切块，放入冷水中浸泡。

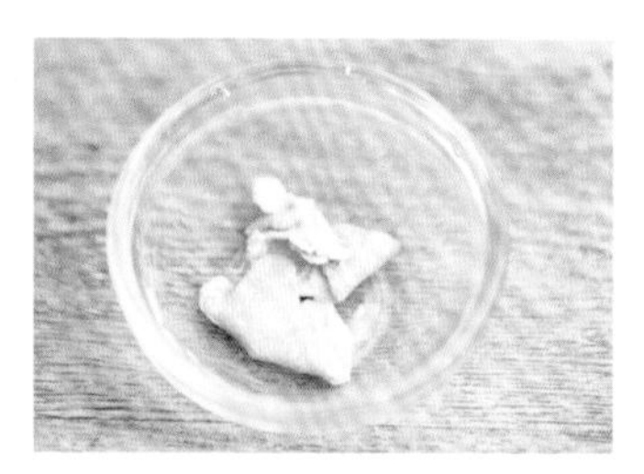

2 将陈皮洗净，备用。

3 将红枣洗净，对半切开，去核。

4 将莲藕、陈皮和红枣一起放入锅中，加入冰糖和700毫升纯净水。

5 大火煮开后，转中火煮1小时，倒入碗中，即可饮用。

烹饪秘籍

1 将洗后的莲藕放入冷水中浸泡，是为了防止其变黑。
2 红枣可不去核，建议温水泡发后，用手撕开道裂缝，这样更易出味。

软糯的莲藕中带着一丝脆甜，浓郁的汤汁散发着清香的枣味，这是我小时候最喜欢的味道，长大了依旧念念不忘。

告别水肿一身轻

红豆薏米汤

90分钟(除去泡发时间) 中等

主料

赤小豆80克 | 薏米80克

辅料

冰糖30克

营养贴士

这道红豆薏米汤是老少皆宜的养生佳品，能够清热解暑、消除水肿，帮助身体排出湿气，闷热潮湿的夏季，忙于减肥的爱美人士一定不要错过。此外，容易掉发的朋友也不妨经常食用，其也有着护发养发的效果哟。

做法

1 赤小豆洗净，用温水提前浸泡1晚，捞出沥干备用。

2 薏米洗净，放入微波炉中，高火加热2分钟，翻匀后再高火加热2分钟。

3 取出薏米，用温水浸泡2小时。

4 净锅，将薏米放入锅中，倒入700毫升纯净水，大火煮。

5 沸腾后，转中火熬煮20分钟，放入赤小豆。

6 中火煮开后，转小火熬煮半小时，加入冰糖，搅匀。

7 5分钟后关火，盛入碗中，即可食用。

烹饪秘籍

1 一定要选形状细长的赤小豆，如前文第74页“养心之谷”中介绍的，扁圆的红小豆养心，赤小豆才能祛湿。

2 薏米寒性重，一定要制熟才能不伤脾，否则祛湿不成还会增湿。

这是一道既可以当汤喝，也可以当饭吃的两用甜汤，有着祛湿消肿的功效，所以特别适合在潮湿闷热的夏季饮用。

清凉夏日好点心

绿豆百合汤

90分钟(除去泡发时间) 中等

营养贴士

炎热的高温让人即便是坐在空调房里也觉得燥热难挨。这道由绿豆和百合搭配的养生甜汤，把清热解暑的功效发挥到了极致。晚上喝一碗再睡觉，还能起到安神润肺的效果，让你一夜好眠到天明。

主料

绿豆80克 | 新鲜百合1个（约50克）

辅料

蜂蜜2汤匙

做法

1 绿豆洗净，用冷水浸泡3小时左右。

2 净锅，将绿豆和浸泡绿豆的水一起放入锅中，开大火煮。

3 百合洗净，分瓣备用。

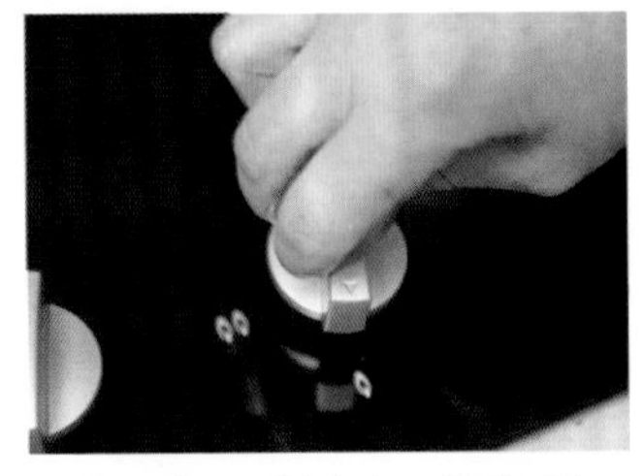

4 绿豆煮开后转中火，熬到开花。

5 放入百合，煮至百合破散，关火。

6 盛入碗中，放入蜂蜜，搅匀即可。

烹饪秘籍

1 这道甜汤也可以选用干百合，不过需要提前泡发。
2 百合易熟，需要等绿豆煮熟之后再放入。
3 放入冰箱冰镇一下，口感更好。

清甜中带有一丝百合的微苦，搭配软糯爽口的绿豆，这道甜汤好吃更消暑，绝对是炎热夏日里的居家必备。

乌黑秀发羡煞人

核桃黑芝麻糊

30分钟 简单

主料

黑芝麻50克 | 核桃50克 | 红枣20克

辅料

冰糖20克

营养贴士

生活的重压让很多人年纪轻轻就“聪明绝顶”，这道核桃黑芝麻糊能护发养发，使头发变得乌黑有光泽，而且因核桃的加入，还具有了补脑健脑、润泽肌肤、延缓衰老的效果。

做法

1 黑芝麻洗净，晾干。

2 核桃去外壳，剥出核桃仁。

3 将黑芝麻和核桃仁放入微波炉中，高火加热2分钟后翻匀，再加热2分钟。

4 将红枣洗净，切开去核，切小块。

5 将红枣、黑芝麻和核桃仁一起放入破壁机中，加入冰糖和300毫升开水。

6 搅打3分钟，倒入煮锅中。

7 大火煮开后转小火，并不断搅拌。

8 煮至呈微微黏稠的糊状，关火盛出即可。

烹饪秘籍

黑芝麻和核桃仁一定要制熟后再食用，味道才浓香，如果家中没有微波炉，可以用铁锅无油小火炒熟即可。

芝麻和核桃在精细的制作之下，打造出细腻爽滑的口感，散发着浓郁的坚果芳香。

桂圆莲子汤

40分钟（除去泡发时间） 简单

主料

桂圆20克 | 莲子20克 | 枸杞子10克

辅料

冰糖30克

营养贴士

被失眠困扰时，人就会变得烦躁，随之神经衰弱、记忆力减退。这道桂圆莲子汤囊括了莲子和桂圆两道补气安神的食材，对失眠有着特别好的调理效果，还能够滋补心脏、平缓情绪。

做法

1 桂圆去外壳，取出桂圆肉，洗净备用。

2 莲子放入水中泡发1小时左右。

3 将枸杞子洗净，放入碗中备用。

4 净锅，放入莲子，加500毫升纯净水，大火煮开。

5 10分钟后，加入桂圆，转中火，煮20分钟。

6 放入枸杞子和冰糖，煮2分钟。

7 关火，盛入碗中即可。

烹饪秘籍

莲子比较难熟，建议先煮莲子，再煮桂圆。莲子心微苦，如果介意，可以在莲子泡发后用牙签剔除。

这算是地地道道的南方甜汤了，甘甜的桂圆，清香的莲子，令汤汁清爽不腻，喝完全身通畅，两个字：舒坦！

生活里的小确幸

甜杏仁豆腐羹

20分钟　中等

营养贴士

现在的空气质量着实令人担忧，日常饮食中搭配些清肺润肺的食物已是必需。这道杏仁豆腐羹不但味道香甜，还有利于清心润肺、止咳化痰。嫩滑的豆腐能补充蛋白质，营养也容易被吸收。

主料

甜杏仁30克 | 内酯豆腐1盒（约200克）

辅料

红糖30克

做法

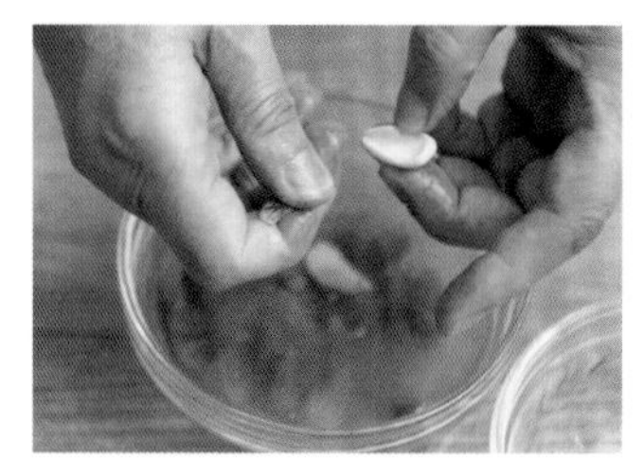

1 甜杏仁洗净，用温水浸泡至软，剥去棕色的外衣。

2 将内酯豆腐切成小块备用。

3 将甜杏仁放入微波炉中，高火加热2分钟，翻匀后继续高火加热2分钟。

4 将甜杏仁放入破壁机中，加入红糖和200毫升纯净水，搅打3分钟。

5 净锅煮水，水开后，将内酯豆腐放入，30秒后捞出。

6 在碗中放入内酯豆腐，倒入甜杏仁汁，即可饮用。

烹饪秘籍

内酯豆腐比较难取，可在包装盒底部的边角处剪开一个小口，然后用手搓一下，让空气进入，再轻微晃动一下，翻过来撕掉盒子密封层，就可以完整倒出来啦。

香甜的杏仁，爽滑的豆腐，尝一口，鲜美无比，唇齿间还会留下一股淡淡的坚果香味。

五色杂粮最养生

五谷豆浆

20分钟（除去浸泡时间） 简单

主料

黄豆20克 | 大米20克 | 红豆10克
黑豆10克 | 高粱米8克

辅料

白砂糖2茶匙

营养贴士

现代人饮食过于精细，很容易导致肥胖、高血压及心血管疾病等，这道五谷豆浆融合了粗粮和豆类的丰富营养，可以有效降低血压，滋补脾胃，预防心血管疾病，长期饮用还能起到一定的减肥瘦身效果。

做法

1 将黄豆、红豆和黑豆洗净，一起放入水中浸泡6~10小时。

2 大米和高粱米淘洗干净后，放入水中浸泡2~4小时。

3 将泡发后的所有食材一起放入豆浆机中，加入白砂糖，将水加注到豆浆机水位下限。

4 启动豆浆机，选择五谷豆浆模式。

5 制好后，滤掉豆渣，倒入碗中即可。

烹饪秘籍

豆类与米的质地不同，建议分开泡发。饮用之前，最好用滤网过滤后再饮用，不然豆渣多了影响口感。

五谷杂粮营养非凡，但却口感粗糙，让人难以下咽。做成豆浆可以完美解决这一难题，不但集天然营养于一身，味道也是香滑浓郁，分外好喝。

植物脑黄金

核桃豆浆

30分钟（除去浸泡时间） 简单

主料

黄豆100克 | 核桃60克 | 红枣10克

辅料

白砂糖1茶匙

营养贴士

这道核桃豆浆富含不饱和脂肪酸，对大脑有保健效果；黄豆中含有的营养物质还能够增强免疫力，搭配红枣饮用，在补充脑力的同时，也可以补血养颜、美白嫩肤。

做法

1 黄豆洗净，提前1晚泡发。

2 将核桃去外壳，剥出核桃仁，放入微波炉中，高火加热3分钟，掰碎。

3 红枣洗净，浸泡5分钟，切成两半，去核。

4 将黄豆、核桃仁和红枣一起放入豆浆机中，按照刻度加入纯净水。

5 选择豆浆模式，启动机器。

6 制好后过滤豆渣，倒入碗中，加白砂糖搅匀即可。

烹饪秘籍

1 红枣切记要去核后再放入豆浆机中，枣核坚硬，容易划伤机器。
2 核桃仁无须去皮，如果介意，可以加热时间长一些，轻捻就可脱皮了。

黄豆的营养，核桃的浓香，红枣的甘甜，汇成这杯美味豆浆。工作的间隙来一杯，补充能量的同时，也是一种味蕾的享受。

纤体减脂饮品

藜麦豆浆

25分钟（除去浸泡时间） 简单

营养贴士

有着“最适宜人类的全营养食品”之称的藜麦，是减肥降脂的佳品。其热量低，富含膳食纤维，能给人饱腹感。打成豆浆饮用，还能补充蛋白质，平衡女性的雌激素，让你不但越喝越瘦，还能越喝越美。

主料

三色藜麦50克 | 黄豆100克 | 黑芝麻20克

辅料

白砂糖1茶匙

做法

1 三色藜麦洗净，提前1晚放入水中泡发。

2 黄豆洗净，提前1晚泡发。

3 将黑芝麻放入微波炉中，高火加热3分钟。

4 将藜麦、黄豆和黑芝麻一起放入豆浆机中，将水加注到豆浆机水位下限。

5 启动机器，选择五谷豆浆模式。

6 制好后过滤豆渣，倒入碗中，加白砂糖，搅匀即可。

烹饪秘籍

1 藜麦在浸泡一个晚上后会冒出细芽，属于正常现象，不影响食用。
2 黑芝麻制熟之后味道更香浓，还可以留出一些做装饰用。

藜麦打豆浆算是藜麦做法中最简单的一种了，而且口感独特，打出来的豆浆也比较黏稠，营养丝毫不打折。

白里透红好气色

枸杞豆浆

30分钟（除去黄豆浸泡时间） 简单

主料

黄豆50克 | 枸杞子20克 | 小米30克

辅料

白砂糖1茶匙

营养贴士

养生理念已经深入到了年轻群体，很多人放弃咖啡饮料，改喝养生茶。其实豆浆也是个不错的养生选择，这道枸杞豆浆就拥有超高的营养价值，不但能抗疲劳、降血压、缓解视疲劳，对于女性朋友来说，还能补血养颜、改善气色、增强皮肤弹性，起到延缓衰老的效果。

做法

1 将黄豆、枸杞子洗净，提前1晚浸泡。

2 小米淘洗干净，浸泡半小时。

3 将黄豆、小米和枸杞子一起放入豆浆机中，按照刻度加入纯净水到豆浆机水位下限。

4 启动机器，选择豆浆模式。

5 制好后过滤豆渣，倒入碗中，加白砂糖搅匀即可。

烹饪秘籍

家里如果有红枣，可以去核后一起放进去，不但味道浓郁，营养也会更全面。红枣甜度高，喝的时候就不需要再添加糖啦。

枸杞子的清甜，搭配小米的香浓，加上豆浆的顺滑，滋补养颜的同时还能饱腹，真是两全其美。

色味双绝香扑鼻

淮山药紫薯豆浆

25分钟(除去浸泡时间) 简单

主料

黄豆50克 | 淮山药50克 | 紫薯1个(约20克)

辅料

冰糖20克 | 枸杞子20克

营养贴士

紫薯在补充能量之余还能延缓衰老，山药则能保湿护肤，促进消化，而黄豆则能充分补充蛋白质，三者相加，滋补效果绝对会超出你的想象。

做法

1 黄豆洗净，提前1个晚上泡发。

2 淮山药去皮，洗净，切成小块。

3 紫薯洗净，去皮，切成小块。

4 枸杞子洗净，泡软备用。

5 将上述所有食材放入豆浆机中，加入冰糖，将纯净水加注到豆浆机水位下限。

6 启动机器，选择五谷豆浆。

7 倒入碗中即可。

烹饪秘籍

1 紫薯和山药都不需要煮熟，以避免营养流失，直接洗净、切小块就可以。
2 处理山药时记得戴上手套，山药汁易导致皮肤过敏，一定要注意。

紫薯的色泽成就了这款豆浆的与众不同，山药的加入也让其口感变得清爽可口。早起喝一杯，让你心情美丽一整天。

正宗京味传四方

小吊梨汤

60分钟 中等

主料

雪花梨2个（约300克）| 干银耳20克
枸杞子20克

辅料

冰糖20克 | 话梅10克

营养贴士

感冒经常伴随咽喉不舒服，口干舌燥。这道由雪梨、银耳和枸杞子精心搭配的传统京味汤品，具有清咽润喉功效，能去火祛燥、调节情绪，让人在甜蜜中慢慢变得平心静气。

做法

1 雪花梨洗净，削皮，去核，切成小块，梨皮不要扔。

2 将干银耳用冷水泡发，去蒂，撕成小碎朵备用。

3 将枸杞子和话梅洗净，泡软备用。

4 将雪梨块和梨皮一起放入锅中，倒入700毫升纯净水，大火烧开。

5 放入银耳，转中火煮10分钟。

6 将枸杞子、话梅和冰糖下入锅中，小火熬煮半小时左右。

7 盛入碗中，即可饮用。

烹饪秘籍

1 梨皮要保留，可以增加汤的黏稠度，清洗时，先用淡盐水泡10分钟后再搓洗，就很干净了。
2 正宗老北京的风味，汤水依旧是液体，而不是羹糊状，如果想要糯糯的口感，煮久点。

这是一款专属秋冬时节的汤品，金黄浓郁的汤汁，黏稠中带有一丝梅子的酸爽，甜而不腻，怡口怡心。

盛夏无它怎么活

桂花酸梅汤

120 分钟　简单

主料

桂花20克 | 山楂干70克 | 干乌梅100克

辅料

冰糖30克

营养贴士

高温天总让人打不起精神，吃饭也没啥胃口。来碗桂花酸梅汤吧，不但能够清热解暑、提神醒脑，饭前喝，还能够健脾开胃、增加食欲。坚持饮用，还能帮助改善负面情绪，缓解精神压力。

做法

1 将干乌梅和山楂干洗净，泡软备用。

2 取出一点桂花备用，其余的和泡开的乌梅、山楂一起，用纱布包起来。

3 净锅，加入1000毫升纯净水，放入纱布包，大火烧开。

4 煮开后，加入冰糖，转小火熬煮1小时。

5 关火，盛入碗中，撒入桂花，即可饮用。

烹饪秘籍

把材料包入纱布包再煮汤，口感清澈，还不用过滤，更方便。

桂花的香甜芬芳，配上山楂、乌梅的酸爽，冰镇过后再饮用，爽口爽心！有了它，这个夏天就不难过了。

美丽姑娘的最爱

荸荠胡萝卜汤

40分钟　简单

主料

荸荠150克 | 胡萝卜1根（约200克）

辅料

冰糖10克

营养贴士

荸荠之所以有“地下雪梨”的美称，是因为其有着跟雪梨一样清凉去火的解暑功效，搭配胡萝卜做汤，特别适合用来解油腻、促消化。夏秋季常喝，还能降火祛燥，平心静气。

做法

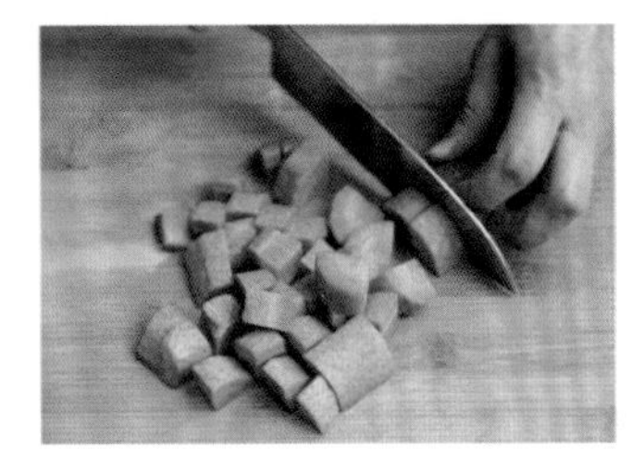

1 胡萝卜洗净，去皮，切小块。

2 荸荠洗净，去皮，切小块。

3 净锅，放入荸荠块和胡萝卜块，倒入500毫升纯净水。

4 大火煮开后，加入冰糖，转小火，煮20分钟。

5 关火，闷5分钟后开锅，盛入碗中即可。

烹饪秘籍

荸荠的表皮比较难处理，建议洗净后除掉烂根和芽，然后用刨皮刀沿着四周削皮，最后用刀挖掉中间黑的根部就可以了。

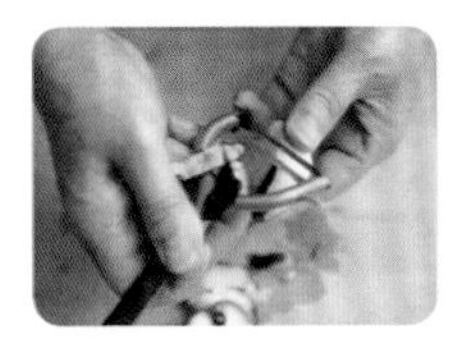

清脆的荸荠，甜糯的胡萝卜，搭配用冰糖熬煮好的汤汁，浓郁可口。这道色味俱全的甜品，怎会不得姑娘们的喜爱?

只闻已是迷人醉

山药苹果酒酿汤

30分钟 简单

营养贴士

夏日饮用这道汤，能清热解暑、降火去燥，秋冬时节喝，则能够润肺止咳、强身健体。因酒酿的加入，还具有健脾开胃、增加食欲的效果。

主料

山药120克 | 苹果1个（约200克） | 红枣30克

辅料

红糖20克 | 酒酿1小碗（约200毫升）

做法

1 山药削皮，洗净，切成小块。

2 苹果洗净，去皮、去核，切成小块。

3 红枣洗净，浸泡一会儿后切开，去核。

4 将山药、苹果和红枣一起放入锅中，倒入250毫升纯净水，大火煮开。

5 20分钟后，加入红糖和酒酿，转小火。

6 2分钟后关火，盛入碗中即可。

烹饪秘籍

如果喜欢苹果脆脆的口感，可以先煮山药再放苹果。酒酿不宜长时间熬煮，会失去酒味，在关火前倒入即可。

这是一道听上去复杂，实际上做起来相当简单的甜汤，而且味道也是异常鲜美，酒香和果香的碰撞，让人未尝便已迷醉。

这款甜汤味道特别可口，汤汁清爽不腻，而且营养功效也很强大，越喝气色越好。

酸甜入口好安眠

山楂桂圆甜汤

45分钟 简单

主料

山楂干70克 | 干桂圆30克
枸杞子20克

辅料

冰糖20克

营养贴士

这道山楂桂圆甜汤能够健脾开胃、提升食欲，还能够补气安神、调节心情。经常食用，在一定程度上还可以改善睡眠，增强记忆力，让你远离健忘症。

做法

1 将山楂干和枸杞子分别洗净，泡软备用。

2 干桂圆去皮，洗净，放入碗中备用。

3 净锅，放入山楂干、枸杞子和干桂圆，加入700毫升纯净水。

4 大火煮开，放入冰糖，转小火，煮30分钟。

5 关火，盛入碗中即可。

烹饪秘籍

也可以选用新鲜的山楂，在清洗时，先用淡盐水浸泡一会儿，再去蒂、去子，更干净。

第三章
戒不掉的
奶茶与咖啡

简易器具很必要

1 煮奶锅

常见的奶锅主要有陶瓷和不锈钢两种材质。陶瓷奶锅加热慢，比较费时，但保温性能好；而不锈钢奶锅耐腐蚀，传热快，省时间，却散热也快，不保温。两者各有利弊，可根据需要选择。

2 雪克杯

雪克杯，比较通用的名字叫摇壶，是一种制作奶茶的必备工具，主要用来混合饮品口味。市面上有 360 毫升、500 毫升、700 毫升三种规格，大都是不锈钢材质制作，由瓶盖、滤网、钢杯三部分组成，一般而言，热饮不适合用雪克杯摇混，容易被溅喷一身。

3 打泡器

制作奶茶和咖啡饮品必不可少的就是牛奶打泡器，打泡器有手动、电动和蒸汽三种。手动打泡器比较费力，打出来的奶泡也较粗硬，不够柔；电动打泡器省力省时，打出来的奶泡绵柔，可以用来做拉花；蒸汽打泡器同样省力省时，打出来的奶泡也更为轻柔细腻，但注意，蒸汽式打出来的是热奶泡。

4 搅拌棒

常见的搅拌棒主要有不锈钢和塑料材质，一般而言，有底部带勺和不带勺两种款式。不管何种材质和款式，搅拌棒都是让饮品能够均匀混合的好帮手。

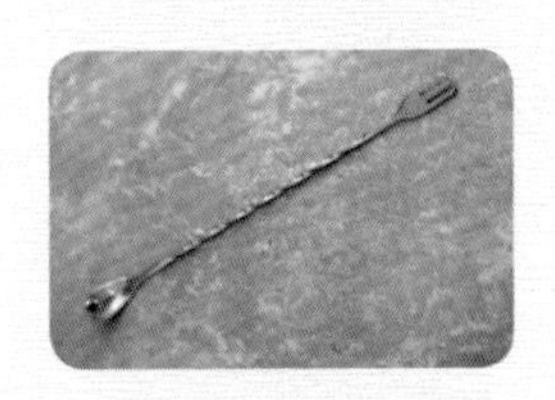

5 磨豆机

磨豆机是咖啡爱好者的必备器具，其好坏特别影响咖啡的口感。好的磨豆机磨出来的咖啡粉粗细均匀，也能保留住咖啡特有的风味。

市面上，磨豆机有手摇和电动两种，如果预算不多，选手摇就可以，就是比较费力，效率低。按照磨盘来分，磨豆机又有平刀、锥刀和鬼齿三种，三者最大的区别是对咖啡豆的处理不一样，平刀以削为主，锥刀以碾为主，而鬼齿靠磨，如果特别讲究咖啡口感，建议选鬼齿，磨出来的颗粒更细腻。

买茶用茶要讲究

红茶暖暖色透亮

如果茶也有性情，那么红茶一定是温和儒雅的。红茶是一种经过发酵烘干的茶，之所以呈现红色，也是茶氧化的结果。红茶特别适合在天气寒冷的时候饮用，故有冬饮红茶一说。体寒、体弱的女性和手脚容易冰凉的人，多喝红茶能够补充能量。此外，红茶还含有钾、锰等矿物质，有助于强健骨骼。

红茶的汤色红亮、滋味醇厚、香气纯正。优质红茶主要有安徽祁门红茶、锡兰高地红茶、阿萨姆红茶和大吉岭红茶等。在选购红茶时一定要注意产地，也要看一下制造日期，对于上班族来说，成包的碎红茶冲泡时间短，省时，是个不错的选择。

讲究新鲜属绿茶

相较于红茶的温和儒雅，绿茶则高冷清冽。绿茶是一种未经过发酵的茶，性子偏寒，所以夏饮绿茶有解暑清热的功效。如果说品红茶讲究一个“醇”字，那么绿茶则最讲究“鲜”。古人常说的开春试新茶，指的就是绿茶。绿茶有“三绿”，干茶绿、茶汤绿、叶底绿，有一股天然的清香，入口虽涩，但回味为甘。在挑选绿茶时，要重外形轻内质，一般而言，越是嫩绿、茶叶完整、色泽清透者，越佳。

乌龙香气最浓郁

乌龙茶是半发酵茶，兼具红茶和绿茶的特点，一年四季都可饮用。乌龙茶最大的功效是促进人体的新陈代谢，能够降脂减肥。常见的乌龙茶有铁观音和大红袍。因为乌龙茶是由成熟的茶叶制作而成，所以香气格外浓郁，入口甘甜。在所有茶叶中，乌龙茶的工艺最为复杂，冲泡也极为讲究，所以又有工夫茶的叫法。

简简单单是白茶

白茶最为纯净。这种纯净与其说汤色透明，不如说滋味最为天然，没有丝毫的烟火气息。白茶制作工艺简单，只需要晒一下或者用火干燥一下即可，所以也被称为轻微发酵茶。白茶满身披白毫，看上去银装素裹，这也是白茶名字的由来。其汤色浅黄明亮，滋味清凉，有股清新的毫香，具有清热消炎的功效，比较适合夏天饮用。

闷出来的黄色茶

不言而喻，黄茶的最大特点就是黄叶黄色。跟白茶一样，黄茶也属于轻微发酵茶，其制作工艺跟绿茶相似，只是多了道“闷黄”的工序，这也是茶叶变黄的关键。黄茶闻起来有股醇和的香气，喝起来很是舒畅，其最大功效是有助于消化，所以食欲不振、消化不良时来杯黄茶，可以提升胃口，促进肠胃蠕动。比较著名的黄茶品种有湖南的君山银针、四川的蒙顶黄芽和安徽的霍山黄芽。

茶马古道运黑茶

黑茶的得名也是因为颜色。据说当年茶马古道运送的茶，不是红茶，不是乌龙茶，而是黑茶。黑茶和红茶一样，也是发酵而来，只不过推动茶叶反应的酶，红茶是来自于茶叶本身，而黑茶则来自于微生物，所以相较于红茶，黑茶有着促进消化和调节肠胃的作用。在以肉类为主食的边疆少数民族地区，黑茶是生活的必需品，它能够去肥腻、解荤腥，被称为“生命之茶”。黑茶大都是煮泡着喝，像新疆奶茶、蒙古奶茶使用的茶砖，大多是黑茶压制而成。

 咖啡豆选购小窍门

世界上的咖啡豆有千百个品种，也有各式各样的风味，对于咖啡爱好者来说，挑选到心仪的咖啡豆绝对是一门学问。烘焙好的咖啡豆分为单品咖啡豆和拼配咖啡豆两种，单品咖啡豆就是单一品种，而拼配咖啡豆就是把很多个品种按照一定的比例拼配起来，两者风味多有不同。但不管风味如何，纯正的好咖啡豆还是有些共性的。

一看外形

粒大饱满、个头均匀适中、无色斑的豆子，磨出来的咖啡粉香醇细腻，滋味浓郁。

二看研磨

好的咖啡豆在研磨过程中会发出沙沙的声音，而且研磨过程流畅，不卡顿，用手摇一摇，也会闻到空气中散发出的咖啡味道。

三看萃取

咖啡在冲泡时，一般都会用滤纸过滤萃取，在用热水冲泡时，如果磨出来的咖啡粉能够有轻微的膨胀，说明咖啡豆的质量较好。

四看味道

优质的咖啡豆冲泡出来的咖啡有一种淡淡的清爽果酸味，苦味也比较柔和，而不是焦苦味。

除此之外，对于成品的咖啡豆还要看日期、包装和原产地。需要注意的是，刚烘焙好的咖啡豆都需要一个养豆期，通常来说，单品豆烘焙一周后再饮用，风味最佳，而拼配咖啡豆则需要 2 周左右。

只给你爱的专宠

黑糖奶茶

25分钟 简单

每一口都是青春的味道

这款网红奶茶，因其独特的搭配和口感而备受年轻人喜爱，黑糖和牛奶的充分融合更是彻底满足了挑剔的味蕾。自己在家制作，没有任何添加剂，味道更纯正。

主料

锡兰红茶3克 | 纯牛奶1盒（约250毫升）
黑糖10克

营养贴士

女人天生体虚怕寒，特别是不舒服的那几天，不妨喝点黑糖奶茶。黑糖是补血、暖宫、排毒的佳品，不但能够增加能量，活络气血，让身体变得温暖，还能够补充身体流失的营养，促进新陈代谢。

做法

1 将红茶洗净。

2 净锅大火煮水，水开后放入红茶。

3 闻到茶香后加入黑糖。

4 黑糖溶化后，倒入纯牛奶。

5 1分钟后关火，过滤掉茶叶，装杯即可。

烹饪秘籍

牛奶不要煮太久，稍微加热就可以了，牛奶煮太久会破坏其营养，色香味也会大打折扣

永恒不变的经典

传统珍珠奶茶

25分钟　简单

主料

纯牛奶1盒（约250毫升）| 红茶3克 | 珍珠10克

辅料

白砂糖1汤匙

营养贴士

寒冷的冬天，出门逛街或者跟朋友聚会，没有什么比一杯奶茶更让人觉得舒服了。不过由于它所含的热量有点高，减肥人士要慎重哟。

做法

1 净锅煮水，大火煮沸。

2 将红茶洗净，倒入锅中，闻见茶香后倒入纯牛奶，再次煮开。

3 关火，过滤掉茶叶，将煮熟的奶茶倒入杯中备用。

4 再次净锅煮水，水开后倒入珍珠。

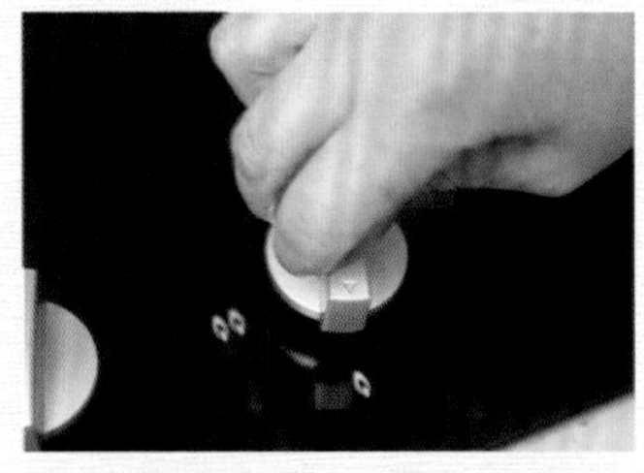

5 等珍珠浮起来后煮1分钟，关火。

6 捞出珍珠，用凉水冲一下后放入奶茶中。

7 加入白砂糖，搅匀即可饮用。

烹饪秘籍

红茶不能煮太久，否则会有苦涩味。煮熟的珍珠建议先过冷水，这样口感又软又弹牙。

温热香甜的味道总让人欲罢不能，与其在外面购买，不如自己做来得健康放心，而且操作并不麻烦呢。

恋恋风味浓浓情

暖姜奶茶

25分钟　简单

营养贴士

暖姜奶茶能够补水排毒，增强免疫力；老姜还能够暖胃暖心，彻底驱走身体的寒气，特别适合在秋冬换季的时候饮用。

主料

老姜10克 | 红茶3克 | 纯牛奶1盒（约250毫升）

辅料

红糖1汤匙

做法

1 老姜洗净，去皮，切片；红茶洗净，备用。

2 净锅，放入姜片，倒入150毫升纯净水，大火煮开。

3 转中火，加入红茶，闻到茶香之后，倒入纯牛奶。

4 转小火，慢煮2分钟。

5 关火，把奶茶过滤掉茶叶，倒入杯中，加红糖，搅匀即可。

烹饪秘籍

老姜的味道比嫩姜辛辣浓郁，如果家中有滤网，也可以将老姜切细碎，只需在最后过滤一下就可以啦。

这杯奶茶因为加了辛辣的老姜而变得味道独特，但并不难喝。奶茶的香浓让老姜变得柔和，而老姜也让奶茶变得不再单调，喝起来口感更丰富。

淡淡清香绕鼻尖

香草乌龙茶

20分钟 简单

营养贴士

这道以乌龙茶为主的奶茶，不但香气浓郁，营养也十分丰富，常喝能健胃养胃、美容养颜。香草的加入，更是让这道本身就芬芳的奶茶变得更加清新迷人。

主料

乌龙茶3克 | 香草精1/2汤匙

纯牛奶1盒（约250毫升）

辅料

白砂糖1汤匙

做法

1 乌龙茶洗净，备用。

2 净锅，倒入150毫升纯净水，大火烧开，倒入乌龙茶。

3 关火，闷3分钟后过滤，把茶水倒入杯中。

4 在茶水中倒入纯牛奶，搅拌均匀。

5 倒入香草精和白砂糖，再次搅匀，即可饮用。

烹饪秘籍

乌龙茶不要煮太久，否则会变苦。加入茶叶后闷一会儿，可以让乌龙茶的香味尽情释放。

这道奶茶闻起来就会引发你的食欲。醇厚的茶香，加上香草的清爽，还有牛奶的香浓，一杯入肚，回味无穷。

品香茶，话往昔

可可奶茶

25分钟 简单

主料

红茶3克 | 可可粉3茶匙
纯牛奶1盒（约250毫升）

辅料

白砂糖1汤匙

营养贴士

喝奶茶会长肉是因为加了奶精，在家自制的奶茶大都营养健康，比如这道可可奶茶，喝了不发胖，还具有健胃消食、促进消化的作用，可降低体内胆固醇含量，与牛奶和红茶搭配，营养更充足。

做法

1 将红茶洗净，备用。

2 净锅，倒入适量纯净水，大火烧开，倒入红茶。

3 转小火煮2分钟后，过滤掉茶叶，把茶水留在锅中。

4 将纯牛奶倒入锅中，煮开，加可可粉，搅拌均匀。

5 关火，加入白砂糖，再次搅匀，即可倒入杯中饮用。

烹饪秘籍

如果家中没有可可粉，可以用巧克力代替。在煮牛奶之前，锅中加少量水，放入巧克力，加热化成糖浆后，再倒入牛奶就可以了。

可可粉的加入，让这杯奶茶充满了醇厚的巧克力味道，香甜不腻。天气变冷的时候喝一杯，让你由内而外得到满足。

心心相印常思念

甜杏仁奶茶

30分钟　中等

主料

红茶3克 | 甜杏仁10克 | 纯牛奶1盒（约250毫升）

辅料

白砂糖1汤匙

营养贴士

杏仁含有丰富的单不饱和脂肪酸，可以预防心血管疾病，还能够止咳平喘，与牛奶、红茶搭配做成奶茶，不但口感细腻，还能滋养脾胃、润肠通便，起到美容护肤的效果。

做法

1 将红茶洗净，备用。

2 净锅，倒入适量纯净水，大火烧开，倒入红茶。

3 转小火煮2分钟后，过滤掉茶叶，把茶水留在锅中。

4 将甜杏仁放入微波炉中，高火加热2分钟，去皮。

5 将甜杏仁和纯牛奶一起放入破壁机中，搅打2分钟，倒入锅中。

6 小火煮开，搅拌均匀，加入白砂糖。

7 关火，倒入杯中，即可饮用。

烹饪秘籍

甜杏仁加热过后比较容易去皮，也可以用温水浸泡后再去皮。去皮后的杏仁制成奶茶，喝起来更顺滑。

杏仁的形状像一颗小小的心脏，做成奶茶细腻爽滑、香甜浓郁，还散发着浪漫的坚果风味，喝过一次就能打动你的心。

相约在泡沫之夏

榛果奶茶

25分钟 简单

主料

红茶3克 | 榛子粉2汤匙
纯牛奶1盒（约250毫升）

辅料

白砂糖1汤匙

营养贴士

这道榛子奶茶不但味道香醇，还有很多意想不到的功效。饭前喝一杯能够开胃，饭后喝则可以助消化。榛子中所含的丰富维生素C还能够让皮肤变得光滑，减少皱纹的产生。

做法

1 将红茶洗净，备用。

2 净锅，倒入150毫升纯净水，大火烧开，倒入红茶。

3 转小火煮2分钟后，过滤掉茶叶，把茶水留在锅中。

4 先加入榛子粉搅拌均匀，然后将纯牛奶倒入锅中，小火加热。

5 加入白砂糖，搅拌均匀。

6 关火，倒入杯中，即可饮用。

烹饪秘籍

榛子粉也可以用榛果代替，只需要将榛果和牛奶一起放入破壁机中，打成榛果奶就可以了。建议提前将榛果放入微波炉中加热一下，味道更香浓。

细腻的泡沫散发着淡淡的香气，醇厚的味道里还有一丝苦味，像极了青春时暗恋的滋味。

苦涩与甜蜜交织而成的滋味

焦糖奶茶

25分钟 简单

主料

冰糖10克 | 红茶3克 | 纯牛奶2盒（约500毫升）

营养贴士

用焦糖调色能提升食欲，制作奶茶饮用，能清肺润肺，还能给人提供热量。寒冷的冬天来一杯，能起到暖心暖身的效果。

做法

1 将红茶洗净，备用。

2 净锅，倒入纯牛奶，大火煮开，放入茶叶。

3 关火闷2分钟，滤出茶叶，倒入杯中备用。

4 再次净锅，放入冰糖，加入50毫升纯净水，小火熬煮，直至变色成焦糖。

5 倒入牛奶茶汤，加热搅拌。

6 关火，倒入杯中，即可饮用。

烹饪秘籍

1 煮牛奶时不要加锅盖，否则会溢锅。
2 熬煮冰糖时可以不加水，但需要找个耐高温的厚底锅，否则容易烧坏锅。
3 焦糖熬好后，倒入奶茶的瞬间会凝固，此时不要关火，继续加热搅拌，就会慢慢化掉啦。

焦糖的香味中掺杂了丝丝微苦，红茶的清爽中和了牛奶的香浓，多喝也不腻，而且口感更有层次。

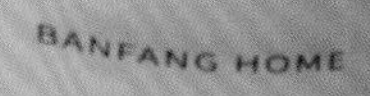

谁的青春不热烈

玫瑰奶茶

25分钟 简单

营养贴士

这道玫瑰奶茶有很好的舒缓压力、消除疲劳的效果，玫瑰花香还可以醒脑提神，特别适合做下午茶饮用。长期坚持饮用，还能够美容养颜、减肥瘦身。

主料

红茶3克 | 玫瑰酱2汤匙

纯牛奶1盒（约250毫升）

做法

1 将红茶洗净，备用。

2 净锅，倒入200毫升纯净水，大火烧开，倒入红茶。

3 转小火煮2分钟后，过滤掉茶叶，把茶水留在锅中。

4 将牛奶倒入锅中，小火加热。

5 加入玫瑰酱，搅拌均匀。

6 关火，倒入杯中，即可饮用。

烹饪秘籍

没有玫瑰酱，可以用干玫瑰代替，只需在煮红茶水时提前放入干玫瑰，煮两三分钟后，再放入茶叶就可以了。

牛奶的香浓，红茶的清爽，熬煮出细腻顺滑的口感，并散发着清新的玫瑰花香。这样的奶茶，你想不爱都难。

美好的记忆涌上心头

香芋奶茶

30分钟 中等

营养贴士

香芋含有丰富的营养物质，也极容易被身体消化吸收。常喝这道奶茶可以提升食欲，促进肠道蠕动。

主料

红茶3克 | 香芋50克 | 纯牛奶1盒（约250毫升）

辅料

白砂糖1汤匙

做法

1 将红茶洗净，备用。

2 净锅，倒入200毫升纯净水，大火烧开，倒入红茶。

3 转小火煮2分钟后，过滤掉茶叶，把茶水留在锅中。

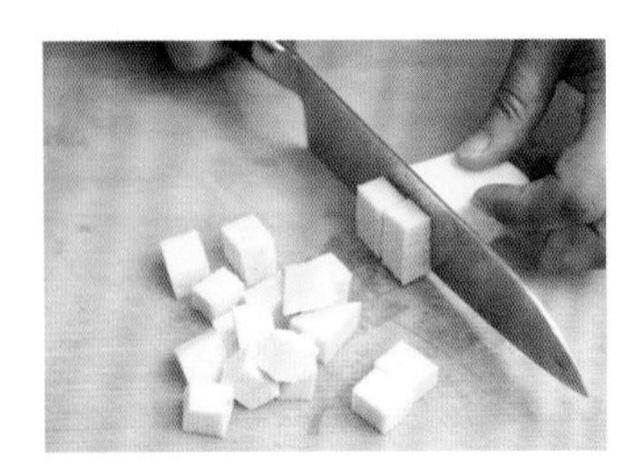

4 将芋头洗净，去皮，切小块，蒸熟。

5 将蒸熟的芋头块和牛奶一起放入搅拌机中，搅打2分钟，打成芋头奶浆。

6 将芋头奶浆倒入茶水锅中，小火加热，搅拌均匀。

7 加入白砂糖拌匀，关火，倒入杯中即可饮用。

烹饪秘籍

将芋头提前蒸熟，口感会更嫩滑。如果用生芋头和牛奶搅打，由于芋头含有大量淀粉，容易吸水，建议多放一些牛奶或者加点纯净水。

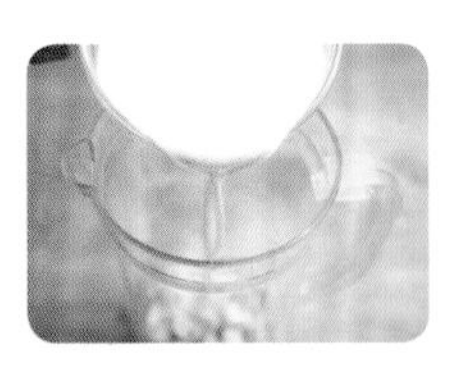

淡淡的充满诱惑的紫色，带着浓浓的奶香，再加上甜滑的口感，让这杯奶茶被奉为“奶茶界”的经典。抿一口，美好的记忆立刻涌上心头。

茫茫人海遇见你

芒果冰激凌奶茶

30分钟 简单

营养贴士

如果说奶茶四季皆宜，那么与盛夏最配的就是这款芒果冰激凌奶茶啦。清甜的芒果可以补充维生素C，牛奶和红茶的组合则能够补钙、去油腻，加点冰块，清凉解暑的同时更能补水止渴，让你在这个盛夏彻底不炎热。

主料

芒果冰激凌球1个（约50克）| 红茶3克
纯牛奶1盒（约250毫升）

辅料

白砂糖1/2汤匙（可省略）| 冰块20克

做法

1 将红茶洗净，备用。

2 净锅，大火煮水，水开后将红茶倒入，关火。

3 2分钟后滤出茶叶，放入纯牛奶，煮开，关火，倒入杯中。

4 加入白砂糖，搅拌待自然冷却后，加入冰块。

5 最后加入芒果冰激凌球即可。

烹饪秘籍

如果不想加冰块，等奶茶自然冷却后，放在冰箱冷藏半小时，喝起来也依旧冰爽怡人。

散发着浓郁芒果香味的冰激凌球，慢慢沉浸在香甜的奶茶之中，喝一口，清凉透心，顷刻间获得极大满足。

沉浸在浪漫爱情中

蜜桃薰衣草奶茶

35分钟 中等

营养贴士

快节奏的生活让人总是不敢放松，即便睡觉时都精神紧绷。这杯蜜桃薰衣草奶茶有很好的减压效果，可以有效调节情绪、改善气色。如果在睡前喝，还有助于安神入眠。

主料

蜜桃1个（约800克）| 薰衣草3克 | 红茶3克
纯牛奶1盒（约250毫升）

辅料

蜂蜜2汤匙

做法

1 蜜桃洗净，去皮、去核，切成小块。

2 将薰衣草和红茶洗净，备用。

3 净锅，放入干薰衣草，倒入适量纯净水，大火煮开。

4 倒入纯牛奶，转小火煮开后，放入红茶。

5 10分钟后过滤掉薰衣草和茶叶，待奶茶自然冷却。

6 将蜜桃块和奶茶一起放入破壁机中，搅打2分钟。

7 倒入杯中，加蜂蜜，搅匀即可。

烹饪秘籍

1 奶茶煮开后不要着急开锅，闷10分钟，让茶香和薰衣草香完全渗透出来。
2 薰衣草比较苦，如果喜欢甜味，可以多加些蜂蜜调和。

香甜的蜜桃中掺杂着浓浓的薰衣草香，令你仿佛置身于普罗旺斯的薰衣草庄园，沉浸在浪漫的爱情中。

有颜值偏要靠实力

抹茶奶绿

35 分钟　中等

主料

抹茶粉2茶匙 | 淡奶油50克 | 绿茶3克

纯牛奶1盒（约250毫升）

辅料

白砂糖2汤匙

营养贴士

这道自制的抹茶奶绿的制作过程很简单，但营养功效却一点也不简单，有着减肥瘦身、降血压、降血脂的效果，而且富含抗氧化物质，能让皮肤变得白皙光滑。

做法

1 绿茶洗净，备用。

2 净锅煮水，沸腾后关火，放入茶叶，闷3分钟后滤出茶叶。

3 在茶水锅中倒入抹茶粉，搅拌均匀，再次煮开。

4 倒入牛奶，转小火加热，煮开后关火，倒入杯中。

5 把淡奶油和白砂糖放入打蛋盆中，用电动打蛋器打至中性打发。

6 把打好的奶油倒入奶茶杯中，撒点抹茶粉，以做装饰。

烹饪秘籍

1 牛奶要用小火加热，火大了会使牛奶失去奶味并且破坏牛奶的营养。

2 打发奶油时，时间要久一点，如果打发不到位就容易散开或下沉。

绿绿的抹茶，香浓的奶香，入口后有股微微的清苦，这道有颜值更有口感的奶茶，正如它的色泽一样，清新自然、天然健康。

貌不出众味出众

蜜黑豆燕麦奶盖

90分钟(除去浸泡时间) 中等

主料

黑豆50克 | 淡奶油50克 | 红茶3克

纯牛奶1盒(约250毫升)| 燕麦片2汤匙

辅料

盐1茶匙 | 冰糖30克 | 白砂糖1汤匙

营养贴士

减肥与奶茶并不是宿敌,比如这道蜜黑豆燕麦奶盖,含有丰富的膳食纤维,可以让人产生饱腹感,减少热量的摄入,达到瘦身的目的。常喝还能养肾补肾,滋养肌肤呢。

做法

1 黑豆洗净,提前1晚泡发。

2 将黑豆放入高压锅中,加入冰糖和盐,炖1小时后,捞出备用。

3 红茶洗净;净锅煮水,水开后放入茶叶,煮3分钟,滤出茶叶。

4 把牛奶倒入茶水锅中,小火加热,煮开后放入燕麦片,关火闷。

5 把淡奶油和白砂糖放入打蛋盆中,用电动打蛋器打至中性打发。

6 把牛奶燕麦片倒入杯中,放入煮熟的蜜黑豆。

7 将打好的奶油倒入奶茶杯中,即可饮用。

烹饪秘籍

制作蜜黑豆时,一定要提前把黑豆泡发,而且只有煮熟后,其营养才能被身体很好地吸收。

这杯貌不惊人的奶盖，因其独特的搭配而深受人们的喜爱，而且口味也极为出众，清爽中散发着浓浓的五谷香气。

入口顺滑，好满足

桂圆布丁奶茶

25分钟 简单

营养贴士

桂圆是上好的滋补品，即便是制作成奶茶，也不减其功效。这道桂圆布丁奶茶有很好的安神定志、益气补血的效果，对失眠健忘、心虚头晕也有食疗作用。

主料

桂圆10克 | 布丁1个（10克）| 茶叶3克
纯牛奶1盒（约250毫升）

做法

1 桂圆去外壳，洗净，泡软备用。

2 将茶叶洗净，备用。

3 净锅煮水，水开后放入茶叶，煮3分钟，滤出茶叶。

4 倒入牛奶，小火加热，加入桂圆，煮开后关火，自然冷却。

5 把布丁用水果刀划成小块。

6 将冷却后的奶茶倒入杯中，加入布丁块，即可饮用。

烹饪秘籍

干桂圆出味比较慢，所以需要提前用水泡软，这样在煮时才比较容易出味。

桂圆的甘甜，布丁的弹牙顺滑，让这款奶茶喝起来分外有趣。嘴巴停不下来，口口都觉得满足。

换个滋味尝点咸

海盐金橘奶茶

20分钟（除去金橘腌制和冷藏时间） 中等

主料

金橘3颗（约100克）| 红茶3克
纯牛奶1盒（约250毫升）

辅料

海盐5茶匙

营养贴士

用海盐腌制后的金橘具有止咳润喉效果，特别适合感冒上火时食用。搭配牛奶和红茶饮用，能够补充身体所需的多种营养。

做法

1 将金橘洗净后，放入碗中，加适量清水和2茶匙海盐，进行腌制。

2 约1小时后，倒掉盐水，擦干，放入瓶中，再加3茶匙海盐，密封冷藏。

3 净锅煮水，水开后放入茶叶，关火闷3分钟后滤出茶叶。

4 把牛奶倒入茶水锅中，小火加热，煮开后关火。

5 取出冷藏后的海盐金橘，对半切开，去核。

6 将奶茶倒入杯中，放入海盐金橘，即可饮用。

烹饪秘籍

在腌制金橘的过程中，随着盐的渗透，金橘的颜色也会逐渐变深，腌渍时间越长，效果会越好。

腌制后的海盐金橘，酸甜中带有一点咸，搭配奶茶的香甜，口味独特，喝起来还有一股清新的感觉。

营养丝毫不逊色

日式玉米奶茶

25分钟 中等

营养贴士

这道玉米奶茶能润肠排毒，增强免疫力，还能增强记忆力、缓解视疲劳，特别适合上班族熬夜加班时饮用。

主料

甜玉米2个（约200克）| 红茶3克
纯牛奶1盒（约250毫升）

辅料

白砂糖1汤匙

做法

1 玉米剥皮、洗净，把玉米横切2段，竖切1刀。

2 用刀把玉米粒削入碗中，冲洗净备用。

3 净锅煮水，水开后放入红茶，关火闷3分钟后滤出茶叶。

4 把牛奶倒入茶水锅中，小火加热煮开。

5 将玉米粒和奶茶一起放入破壁机中，加入白砂糖。

6 搅打2分钟后装杯即可。

烹饪秘籍

要选取水分多的甜玉米，也可以先把玉米榨汁，再把玉米汁倒入奶茶中，更原汁原味。

玉米的清甜搭配奶茶的香浓，这道营养十足的饮品特别适合在早餐时饮用。

HAPPY tea

跟着爱与幸福走

提拉米苏奶茶

25 分钟　中等

营养贴士

提拉米苏是一道知名的意大利甜点，用来做奶茶可谓创意满满。作下午茶饮用，有很好的饱腹效果，能够补水解渴、消除疲劳。因为加入了可可粉，还能提神醒脑、振奋情绪，让你更有精力投入到繁忙的工作中。

主料

巧克力酱2汤匙 | 红茶3克
全脂牛奶1盒（约250毫升）| 可可粉1茶匙

辅料

白砂糖1茶匙

做法

1 净锅煮水，水开后放入红茶，关火，闷3分钟后滤出茶叶。

2 倒入2/3的牛奶，小火加热，煮开后关火，备用。

3 先将巧克力酱倒入杯内，沉淀做杯底。

4 将煮好的奶茶沿着杯壁缓缓倒入，作为第二层。

5 将剩余牛奶倒入打蛋盆，加白砂糖，搅打出奶泡，并用勺舀入杯中，作为第三层。

6 最后在奶泡上面撒可可粉，就大功告成啦。

烹饪秘籍

建议使用全脂牛奶，打出来的奶泡会更加细腻好喝，而且打得越久，效果越好。

层次鲜明的提拉米苏奶茶，口感松软醇厚，奶泡绵密细腻，可可粉更是添加了一丝焦香，让人喝过之后欲罢不能。

奶茶界的新网红

奶酪普洱奶茶

25 分钟 中等

主料

奶酪粉2茶匙 | 普洱茶3克
全脂牛奶1盒（约250毫升）
炼乳1汤匙

辅料

蜂蜜2汤匙

营养贴士

寒冷的冬天来一杯温暖的奶酪普洱奶茶，能补充热量、暖胃消食、清心明目。普洱茶中的脂肪酶有助于分解体内囤积的脂肪，消除令人烦恼的小肚腩哟。

做法

1 净锅，放入普洱茶，倒入适量纯净水。

2 用中火慢慢加热至沸腾，普洱茶变成黑红色，过滤掉茶叶。

3 过滤掉茶叶，加入奶酪粉，搅拌均匀。

4 倒入全脂牛奶、炼乳和蜂蜜，小火微微加热，不停搅拌。

5 关火，倒入杯中。

烹饪秘籍

建议将普洱茶用中火煮15分钟左右，这样才能让普洱的茶味、茶香和茶色全部释放出来。

自此不会被遗忘

炭烧奶茶

20 分钟　简单

主料

咖啡粉1/2茶匙 | 乌龙茶3克
纯牛奶1盒（约250毫升）

辅料

白砂糖1汤匙

浓郁的香甜中混合着一股淡淡的焦苦，丰富而有层次的口感，让人喝过之后禁不住再三回味。

营养贴士

慵懒的午后，人总是昏昏欲睡。这道用乌龙茶打底，又加入了咖啡粉调味的奶茶，不但可以去除午饭的油腻、促进消化，还能提神醒脑、消除疲惫。爱美的朋友长期坚持饮用，还有很好的减肥瘦身的效果。

做法

1 乌龙茶洗净，净锅煮水，水开后放入茶叶，煮3分钟后关火，滤出茶叶。

2 把牛奶倒入茶水锅中，小火加热，煮开后关火。

3 加入咖啡粉，慢慢搅匀，加入白砂糖。

4 搅拌均匀后，倒入杯中即可。

烹饪秘籍

乌龙茶四季都可以饮用，如果是夏天，茶叶可以换做绿茶，而冬天，红茶最好，喝了暖身。

雕刻柔软慢时光

醇香手磨咖啡

25分钟 中等

营养贴士

真正爱咖啡的人，绝对都是手磨咖啡的拥护者。工作疲劳的间隙，喝一杯自己亲手研磨的咖啡，除了提神解乏，更是一种享受，让你在快节奏的生活中偷得半日闲，静品慢时光。

主料

咖啡豆5克

辅料

方糖1块

做法

1 把咖啡豆放入微波炉中，高火加热2分钟。

2 将咖啡豆放入磨豆机中，磨成细粉。

3 取两张滤纸放在杯口，微微打湿后，倒入咖啡粉。

4 净锅，倒入200毫升纯净水，大火煮开后关火，倒入细口壶中备用。

5 用沸水缓慢淋到咖啡粉上，均匀冲泡至杯中。

6 撤掉滤纸，放入方糖，就可以饮用了。

烹饪秘籍

建议用纯净水冲泡，否则会影响咖啡的口味。过滤咖啡粉时，可以分多次冲泡，滋味会更浓郁。

要想喝上纯正的咖啡，还得自己手磨才行。与速溶咖啡截然不同的口感，苦涩中带有丝丝的醇香，值得你久久回味。

恋人的吻

卡布奇诺

20分钟 简单

营养贴士

别看卡布奇诺有着厚厚的奶泡覆盖，其提神醒脑、消除疲劳的效果一点也不逊于黑咖啡，还因为牛奶的加入而富含了优质蛋白质，在缓解疲惫的同时还可以补钙呢。

主料

速溶卡布奇诺咖啡粉3汤匙
全脂牛奶1/2盒（约125毫升）

辅料

肉桂粉1/2茶匙

做法

1 煮水，水开后关火。

2 取杯子，放入速溶咖啡粉，倒入热水冲泡，搅拌均匀。

3 将全脂牛奶放入微波炉中，加热至75℃。

4 将热牛奶用打泡器打出奶泡。

5 拨开奶泡，将牛奶倒入咖啡杯中。

6 用勺子把奶泡舀入咖啡杯中，撒上些肉桂粉就可以啦。

烹饪秘籍

如果家中没有微波炉，可以用奶锅小火加热牛奶，75℃左右的牛奶最容易打奶泡，而且口感也更细腻。

这道被寄予了浓浓爱意的卡布奇诺，有着如爱情般甜蜜的口感，丰厚细腻的奶泡香甜绵滑，浓重的咖啡香之外，还带有一股淡淡的苦涩。

榛果拿铁

25分钟 中等

营养贴士

这杯加了榛子的拿铁特别适合上班族早上饮用，既能饱腹、补充能量，也能够提神醒脑，愉悦心情。每天吃点榛果，还能保护视力、缓解疲劳。

主料

榛子10克 | 咖啡豆15克
全脂牛奶1盒（约250毫升）

辅料

白砂糖1汤匙 | 肉桂粉1/2茶匙

做法

1 将榛子和咖啡豆放入微波炉中，高火加热1分钟，翻匀后再用高火加热1分钟。

2 榛子用料理机打成粉末，咖啡豆放入磨豆机中，磨成细粉。煮水，水烧至98℃左右，关火。

3 取杯子，放入一半的榛子粉，另一半与咖啡粉混合，用手冲滴滤壶冲泡。

4 将冲泡好的咖啡倒入放有榛子粉的杯中，加入白砂糖搅拌均匀。

5 将全脂牛奶放入微波炉中，加热至75℃。

6 将1/4的热牛奶用打泡器打出奶泡，其余倒入咖啡杯中。

7 用勺子把奶泡舀入杯中，撒上些肉桂粉就可以啦。

烹饪秘籍

榛子也可以用榛果酱代替。如果用榛子，一定要提前烘烤，熟榛子磨成细粉后，味道才香浓，散发着坚果味道。

平平淡淡的滋味是拿铁的标识，有人说，与其说它是一杯咖啡，不如说是一杯混合着咖啡香味的牛奶。但这也正是拿铁的真正含义所在，就如同生活，加点榛果，给生活添点料。

香醇甜蜜的印记

焦糖玛奇朵

30分钟　中等

营养贴士

焦糖的微苦可以提升人的食欲，牛奶则是补充营养的主力，咖啡兼具了提神醒脑、消除疲劳的效果，三者结合，让你神采奕奕。

主料

咖啡粉2汤匙 | 淡奶油50克
全脂牛奶1/2盒（约125毫升）

辅料

冰糖10克

做法

1 净锅，放入冰糖，加少量水，小火加热至化开，煮至琥珀色。

2 淡奶油隔水用温水加热，倒入糖浆中，搅拌均匀后关火，焦糖酱完成。

3 在手冲滴漏壶上垫好滤纸，放入咖啡粉，倒入沸水冲泡。

4 加入2勺焦糖酱，搅拌均匀后，静置备用。

5 将全脂牛奶放入微波炉中，加热至75℃。

6 将热牛奶用奶泡机打出奶泡。

7 用勺子把奶泡舀入杯中铺满。

8 将1勺焦糖酱放入裱花袋中，剪小口，在奶泡上挤上花纹即可。

烹饪秘籍

熬煮焦糖酱时，一定要提前把淡奶油温热，如果直接加入凉的奶油，会导致糖浆结块或者澘锅。

每个人的爱情都有着专属的印记，就像玛奇朵表面用焦糖勾勒出来的花纹。而略带些苦味的口感，也像极了爱情的味道。

体验另一种新鲜

芒果摩卡

25分钟 中等

营养贴士

晚上熬夜加班时，不妨试试这道芒果摩卡，不但能提神醒脑、驱散困意，还因为芒果的加入，具有了保护眼睛、美容养颜的效果。

主料

芒果酱2汤匙 | 速溶摩卡咖啡粉2汤匙
全脂牛奶1/2盒（约150毫升）| 鲜奶油10克

辅料

可可粉1茶匙

做法

1 取马克杯，放入芒果酱备用。

2 净锅煮水，水烧至98℃左右，关火。

3 另取一杯，倒入速溶摩卡咖啡粉，用开水冲好后，倒入带有芒果酱的马克杯中。

4 将全脂牛奶放入微波炉中，加热至75℃，倒入马克杯中，搅拌均匀。

5 将鲜奶油打发后，挤入杯中，表面撒上可可粉做装饰，即可饮用。

烹饪秘籍

鲜奶油冷藏后才好打发，建议提前将奶油放入冰箱，而且打发时不要过快，以免过头导致口感变差。

芒果的清爽，让浓郁的咖啡有了别样的味道，顺滑的口感配上牛奶的香甜，再加上特有的巧克力风味，让其更受人喜爱。

好看到不舍下嘴

火龙果香蕉奶昔

5分钟　简单

主料

红心火龙果1/2个（约100克）
香蕉1根（约80克）
纯牛奶1/2盒（约150毫升）

辅料

酸奶1杯（100毫升）｜冰块适量

营养贴士

长时间久坐以及不注意饮食，让很多人深受便秘的困扰。这道火龙果香蕉奶昔，被很多人称为治疗便秘的良药，每天早上喝一杯，不仅可以调节肠胃、预防便秘，还能排毒养颜、美白肌肤。长期饮用还可以减肥瘦身哟。

做法

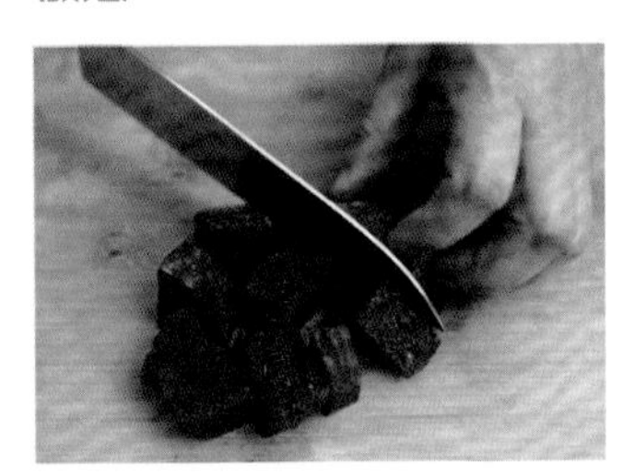

1 红心火龙果横着对半切开，取一半用勺子挖出果肉，切丁，放入碗中备用。

2 香蕉剥皮，折小段。

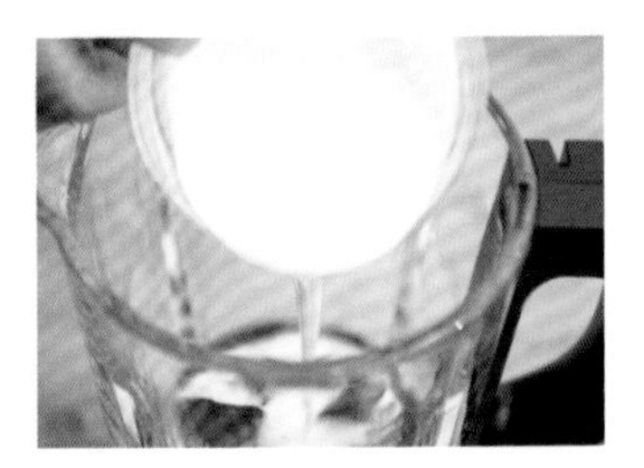

3 将火龙果和香蕉放入破壁机中，倒入酸奶、纯牛奶和冰块。

4 搅拌30秒，装杯即可。

烹饪秘籍

红心火龙果打出来的奶昔，颜色艳丽好看，滋味也更甘甜，其实白心火龙果也可以，如果觉得不够甜，放点蜂蜜或者糖调和一下即可。

绿色减肥是王道

生菜椰子奶昔

15 分钟 中等

主料

生菜150克 | 新鲜椰肉（约100克）
纯牛奶1盒（约250毫升）

辅料

白砂糖1汤匙

这是一道光看外表就觉得天然健康的饮品，清新的口感，浓郁的椰香，满眼皆是翠绿，喝入嘴中，仿佛把大自然的能量全都吸收了。

营养贴士

生菜热量低而且富含膳食纤维，能够促进消化、改善肠胃。而椰子则有着利水消肿、嫩白肌肤的功效，加上营养十足的牛奶，让你不知不觉瘦下来。

做法

1 生菜洗净，切成小段，备用。

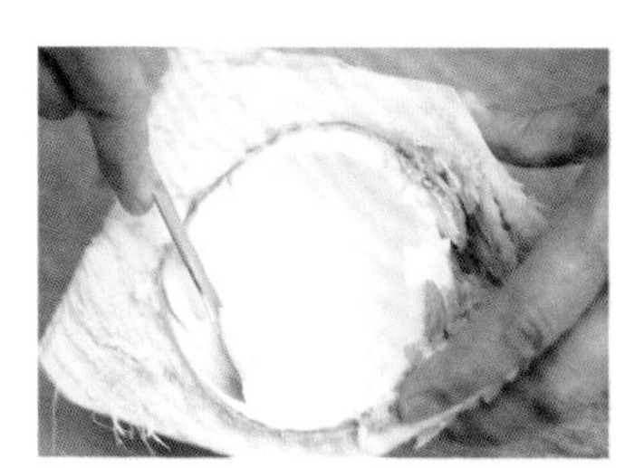

2 新鲜椰子将椰汁喝掉后，切开椰子壳，挖出椰肉。

3 把椰肉切成小块备用。

4 将生菜和椰肉一起放入破壁机中，加入纯牛奶和白砂糖。

5 搅拌2分钟，装杯即可。

烹饪秘籍

取椰肉时一定要注意安全，建议用刀叉剔出来。如果椰汁喝不完，也可以倒入破壁机中一起搅打，椰香更浓郁。

单纯的西芹榨汁，滋味确实有点难以下咽，但加上牛奶就好多了，清新中带着奶香，而且营养也翻倍了呢。

偏爱这杯小清新

西芹奶昔

10分钟　简单

主料

西菜50克 | 纯牛奶1盒（约250毫升）

辅料

白砂糖1汤匙

营养贴士

西芹是天然减脂食材，其富含膳食纤维，可以调节肠胃蠕动、促进消化，还能镇静安神、缓解焦虑等。与牛奶搭配做成奶昔，更是能强身健体、增强免疫力，让你健健康康瘦下来。

做法

1 将西芹撕去老筋，洗净，切小段备用。

2 将西芹放入榨汁机中，加入纯牛奶和白砂糖。

3 搅打3分钟，装杯即可。

烹饪秘籍

尽量选取比较鲜嫩的西芹，肉厚味浓。不喜欢西芹叶的可以择掉。另外，不建议西芹过水煮，生食营养更全面。

将相思一饮而尽

红豆奶昔

40 分钟　中等

红豆甜糯，鲜奶香浓，成就了这道口感细腻、健康又营养的高颜值奶昔，闻到就让人食欲大开。

主料

红豆20克 | 鲜牛奶2盒（约500毫升）

辅料

红糖1汤匙

营养贴士

红豆能够消除水肿，去除湿气，对肾脏也有滋补效果，常吃能清热解毒、瘦身美颜。而牛奶则是补钙高手，强身健体不在话下。两者组合特别适合减肥的朋友饮用。

做法

1 红豆洗净，放入高压锅中，倒入150毫升纯净水，煮熟。

2 净锅，倒入鲜牛奶，小火加热，煮开后关火。

3 将煮熟的红豆和红豆汤一起倒入破壁机中，加入红糖和热牛奶。

4 搅打2分钟，装杯即可。

烹饪秘籍

红豆必须煮熟后才能食用，也可以用锅煮，提前将红豆浸泡，熬出红豆沙后就可以关火了。

美食创新的乐趣就在于变化中也能保持美味。这道看上去搭配“奇葩”的奶昔，味道一点也不差，四季豆清甜，红薯软糯，牛奶香浓，融合在一起，可口又营养。

奇妙搭配，趣味横生

四季豆蜜薯奶昔

40分钟　中等

主料

四季豆20克 | 红薯1个（约100克）
纯牛奶1盒（约250毫升）

辅料

蜂蜜1汤匙 | 盐1/2茶匙

营养贴士

四季豆能够加快人体新陈代谢，特别有利于减肥瘦身。而红薯和牛奶都属于热量低、好消化的食物，补钙的同时还能够滋养肌肤，起到美容养颜的效果。这样的创意是不是值得点赞?

做法

1 四季豆去筋，洗净，切小段。

2 净锅煮水，水开后加盐，放入四季豆焯熟。

3 红薯洗净，削皮，切块，放入蒸锅中蒸熟。

4 将四季豆和红薯一起放入破壁机中，倒入纯牛奶。

5 搅打2分钟，倒入杯中，加入蜂蜜搅匀即可。

烹饪秘籍

1 不熟的四季豆含有毒素，所以一定要确保熟透后再食用。
2 四季豆焯水时加点盐，可以保持其颜色碧绿。

第四章
慢下来，喝杯
“缤纷果茶”

常见的三大水果茶

1 果酱茶

把水果制成果酱后，再用来冲水泡茶，便是所谓的果酱茶了。果酱茶的关键是果酱的制作，如果觉得麻烦，也可以购买现成的果酱。常见的果酱茶有蜂蜜柚子茶、草莓茶、蓝莓茶、蔓越莓茶、百香果茶等。泡果酱茶用 1 茶匙果酱就可以，搭配茶汤，再挤入点柠檬汁调味，味道更佳。

2 果干茶

把新鲜水果烘焙风干制作成水果干，再用茶水冲泡，就是一杯味道清新的果干茶了，再搭配自己喜欢的花朵，更是风味绝佳。把水果制作成果干来泡茶，不但成功解决了水果不能长期存放的难题，还可以让不同的果干任意搭配，使果茶营养丰富，还能拥有超高的颜值和浓郁的口感。

3 果泡茶

果泡茶其实很简单，就是把新鲜的水果拿来泡茶，特别是那些滋味独特的水果，如柠檬、百香果、樱桃、草莓等，都可以用来直接泡茶。在制作果泡茶时加入一些蜂蜜来调和口感，更美味。在用新鲜水果泡茶时，最好选用温水，以免沸水破坏水果中的维生素，那就得不偿失了。如果不想去皮，还务必把果皮洗干净后再用，以保证健康。

水果茶里的主担当

金橘——盆栽出的黄金果

金橘的最佳吃法是洗净后带着果皮一起嚼，其滋味酸甜，有着开胃消食的效果。用来泡茶或者榨汁也是不错的选择，其富含维生素等营养物质，强身健体的同时还可以美容养颜，增加皮肤光泽。

青柠——长在东南亚的美人

很多人会把青柠误以为是黄柠檬未成熟的幼果，殊不知，青柠和黄柠檬是两种不同的水果。青柠滋味酸涩，很少用作鲜食，大多用来调味或者榨汁。青柠跟柠檬一样具有强酸性，食用后可以止咳化痰、防治感冒，还能解毒醒酒。饭后来一杯青柠汁或者青柠茶，还能促进肠胃蠕动，有助消化。

柚子——天然水果罐头

在很多地方，柚子因与“佑”谐音，被看作是吉祥果。柚子含丰富的蛋白质和维生素等，经常食用，能够降血糖、降血脂，对高血压也有一定的食疗效果。除果肉外，柚子皮用来泡茶也是止咳的良药。

百香果——神奇的果汁之王

百香果含有一百多种芳香味道，近些年颇受人们的喜爱。其不仅味道浓郁，也有着丰富的营养元素，经常食用可以促进消化、减肥养颜，还能缓解视疲劳。百香果还可以泡水喝，再加点蜂蜜，酸爽怡人。

蔓越莓——表里如一的小红果

不知从何时起，这种来自北美的小红果一下子就赢得了很多爱美人士的青睐，很多人用它来美容养颜，呵护肌肤。蔓越莓常用来做配料或者榨汁来喝。由于蔓越莓不易存储，所以市面上出售的多是蔓越莓干或者蔓越莓片，按需选购即可。

玫瑰花茶——在水中盛开

水果与花茶的搭配，就如郎才女貌般养眼。而玫瑰花茶更是花茶中的翘楚，这种把玫瑰花进行干燥脱水处理后的花茶，不仅保留了花的芬芳，也留住了花的功效。长期饮用，能够让人心情舒畅，起到安神的作用。心情不好时来一杯，能够扫除坏情绪。玫瑰花茶与水果共同冲泡，还能起到降火气、养容颜、消除疲劳等效果。

茉莉花茶——来自春天的气息

茉莉花茶在众多花茶中以香气出名，素有“人间第一香”的美誉。常喝茉莉花茶，能够美容养颜、净白皮肤、延缓衰老。品质上佳的茉莉花茶汤色清澈明亮，形态也极为优美，搭配果干更是颜值爆表，营养丰富。

菊花茶——人人都爱菊仙子

菊花茶很早就被人们当做清凉茶饮用了。这种以菊花为主料制作的花茶，回甘中带丝苦味，具有清热降火的功效，而且富含黄酮类物质，长期饮用能降低胆固醇。菊花茶所含的物质极易被氧化，所以要现泡现饮，最好不要隔夜。另外需要注意，菊花茶性凉，泡茶时不要与冰糖一起饮用，会减弱茶的功效，建议用红糖、蜂蜜或者果干来代替冰糖。

桂花茶——八月桂香飘满天

品质好的桂花茶汤色明亮清透，香味清新迷人，入嘴后口齿留香，馥郁持久。长期坚持饮用，能够改善口气，还能暖胃驱寒、缓解疼痛。此外，它也有美白肌肤的作用，爱美的女性不妨试试。

洛神花茶——充满恋爱的感觉

常喝洛神花茶，能够美容、瘦身、消除水肿。不过这款茶的滋味甚酸，所以泡茶时建议搭配果干、果酱或者冰糖、蜂蜜饮用。也因为酸，使它还有着促进消化、清热解酒的作用。

自制果酱果干五步走

轻松五步搞定果酱

第一步：洗

把水果彻底清洗干净，沥干备用，必要时去皮。

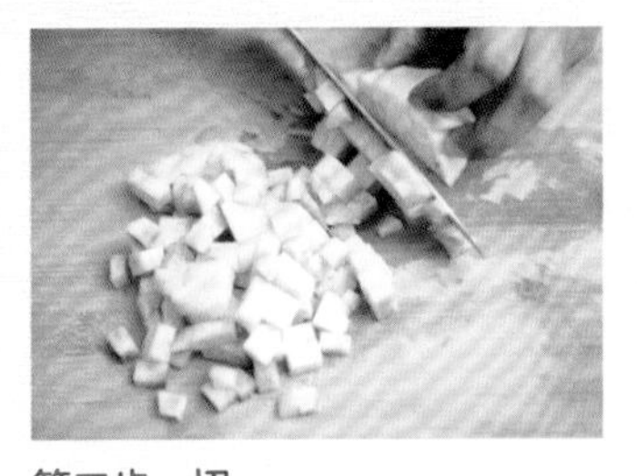

第二步：切

水果的形态会直接影响果肉口感，通常有泥状、碎末状、细丁状、薄片状等。

第三步：腌

把切好的水果放到容器里（如玻璃瓶等），然后加糖或者蜂蜜，使其充分混合，并放在冰箱冷藏12小时以上。

第四步：熬

把腌制好的水果放到锅里，先用中火熬至沸腾，再用小火慢慢熬煮，要注意搅拌，以免煳锅。熬煮时，记得撇除果酱的浮沫。

第五步：存

煮好的果酱不要放凉，及时装入瓶中，不要装得太满，拧紧瓶盖后倒扣。放至常温后再拧一下瓶盖，放入冰箱冷藏，就完成果酱的制作啦。

简单五步自制果干

第一步：洗

把水果彻底清洗干净，沥干备用。制作果干的水果无须去皮，但一定要洗净。

第二步：切

将水果全部切成薄片状，大约 3 厘米为宜，薄厚自调，薄点会脆些，厚点有嚼劲。

第三步：晾

把切好的水果片平铺在通风处，提前晾干。

第四步：烘

把晾干的水果片摆放在烘干机或者烤箱中进行烘干，烘干时间根据果片厚度自动调整，一般三四个小时就可以烘干。

第五步：装

把烘好的果干拿出来，放凉后装入保鲜袋，密封就可以啦。

浓情蜜意一点红

青橘枸杞茶

30分钟 简单

主料

青橘3颗（约30克）| 枸杞子3克

辅料

冰糖10克 | 鲜柠檬1薄片 | 淡盐水适量

营养贴士

人的情绪特别影响身体健康，怒火伤肝就是这个道理。生活中火气大的人一定不要错过这道青橘枸杞茶，其不但能补充维生素C，还能清热去火，调节情绪，降低血压等，醉酒后的人喝还能消食醒酒、解毒排毒。

做法

1 青橘洗净，放入淡盐水中浸泡20分钟后，捞出沥干。

2 将青橘对半切开后，去核备用。

3 枸杞子洗净，泡软备用。

4 净锅，倒入纯净水，大火煮开，转小火。

5 放入冰糖和枸杞子，继续熬煮5分钟后关火。

6 待凉后，将青橘的汁液挤入水中，再放入青橘。

7 盛入杯中，加柠檬片装饰，即可饮用。

烹饪秘籍

1 青橘果皮的营养比果肉还丰富，且味道甘甜，建议洗净后连皮带肉一起食用。

2 青橘用开水泡会有苦涩味，建议用温水或凉水。

甜酸的青橘特别适合泡茶饮用，滋味也很清爽，枸杞子的加入，让这道养生茶不但更有营养，还更有颜值哟。

这算是盛夏时节提神醒脑最为有效的一道水果茶了，薄荷自带清凉，加上柠檬的酸爽，想想就仿佛有一阵凉风袭来，舒服无比。

约会盛夏正当时

柠檬薄荷茶

5分钟 简单

主料

新鲜薄荷叶5克 | 鲜柠檬1个

气泡水1杯（约250毫升）

辅料

冰块10克 | 蜂蜜1汤匙

营养贴士

这道柠檬薄荷茶绝对是清火降燥的首选。薄荷本身就能够疏风散热，而柠檬则是补气提神的佳品，下午来一杯，提神去火很给力。

做法

1 择下新鲜薄荷叶，用流水冲净，备用。

2 柠檬洗净，横切两半，切取1薄片后，剩下取小半去核，切成柠檬块。

3 留1片薄荷叶备用，将其余薄荷叶和柠檬块一起放入破壁机中，倒入气泡水。

4 搅打3分钟，倒入杯中，加入蜂蜜，搅匀。

5 投入冰块，加柠檬片和薄荷叶做装饰即可。

烹饪秘籍

如果觉得薄荷叶和柠檬不够干净，可以先用淡盐水浸泡一会儿，再用流水冲洗就可以了。

萌化一颗少女心

桃子百香果茶

10分钟 简单

主料

桃子2个（约200克）
百香果1个（约30克）

辅料

蜂蜜1汤匙 | 鲜柠檬1薄片

营养贴士

想拥有十八岁时的肌肤吗？来一杯桃子百香果茶吧。这道色香味俱全的果茶含有丰富的维生素C，不但可以开胃消食、促进消化，还可以美白养颜、红润肌肤。另外，疲惫没精神的时候，还能够提神醒脑呢。

这道闻起来香甜，喝起来酸爽的果茶，特别适合爱美的懒姑娘饮用，不但味道如少女般迷人，制作方法也是超简单哟。

做法

1 桃子洗净，去皮、去核，切小块。

2 将桃子块放入破壁机中，倒入纯净水。

3 搅打3分钟，倒入杯中备用。

4 百香果洗净，对半切开后挖出果肉，放入榨好的桃汁中。

5 加蜂蜜，搅拌均匀后放入柠檬片，即可饮用。

烹饪秘籍

如果想喝热饮，可以把桃子煮水，煮开后再放入百香果肉和蜂蜜，搅匀就可以啦。

惊艳了时光

玫瑰蔓越莓茶

20分钟 简单

主料

玫瑰花茶3克 | 蔓越莓果干15克

辅料

蜂蜜1汤匙

营养贴士

花果茶似乎天生就是为女人定制的，这道由玫瑰和蔓越莓搭配的饮品，不但能够补气养血，对保护心血管也有很好的效果。经常饮用还能够减少色素沉积和皱纹的产生，使皮肤变得细腻光滑。

做法

1 玫瑰花茶洗净，用温水泡软备用。

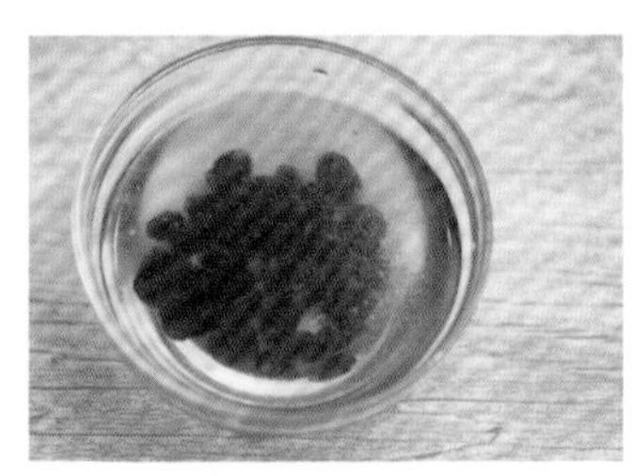

2 蔓越莓果干洗净，冷水浸泡后捞出，沥干后备用。

3 净锅，倒入适量纯净水，大火煮开，放入蔓越莓果干。

4 转小火煮1分钟后，放入玫瑰花茶。

5 关火闷2分钟后将花茶倒入杯中，加蜂蜜，搅拌均匀即可饮用。

烹饪秘籍

蔓越莓果干本身不太甜，加点蜂蜜可以调节一下口味，如果不喜欢太甜，可以不加。

玫瑰遇见蔓越莓，第一眼就让你惊艳，泡出来的果茶拥有红红的色泽、芬芳的香气，喝一口，心都醉了。

蜂蜜柚子茶

160分钟　中等

主料

柚子600克

辅料

蜂蜜1汤匙 | 冰糖50克 | 盐2汤匙 | 淡盐水适量

营养贴士

这道蜂蜜柚子茶特别有助于美容养颜。蜂蜜可以润肠排毒，柚子富含维生素，不但能清火解油腻，还能促进新陈代谢，加速皮肤的再生。

做法

1 在柚子皮表面涂抹一层盐后，刷洗干净，削皮，留柚子皮备用。

2 剥出柚子果肉，掰成小块，放入碗中。

3 将柚子皮切成细丝，放入淡盐水中浸泡1小时。

4 净锅，放入柚子皮，倒入清水后中火煮10分钟，捞出备用。

5 再次净锅，放入煮熟的柚子皮和柚子肉，倒入250毫升纯净水，加冰糖。

6 大火烧开后，转中火熬煮1小时，适时搅拌。

7 汤汁黏稠之后关火，冷却一会儿后加蜂蜜，搅拌均匀。

8 取适量放入杯中，温水冲一下即可饮用。

烹饪秘籍

柚子皮用淡盐水浸泡，可以有效去除表面的残留物。先用清水煮柚子皮，主要是为了脱去柚子皮的苦味，保证口感。

柚子的清香，蜂蜜的回甘，再加上超出想象的美白效果，让这款果茶成为众人纷纷推荐的护肤佳品。如果你也需要，不妨试试。

清爽好喝更过瘾

猕猴桃青柠茶

15分钟 简单

主料

猕猴桃干20克 | 青柠檬1个

辅料

蜂蜜2汤匙 | 白砂糖1茶匙 | 淡盐水适量

营养贴士

酸甜可口的果茶不但能清热降火，还有着补气安神、平复情绪的效果，心情不好的时候不妨喝一杯。其所含的丰富的维生素C还能让皮肤变得光滑细腻呢。

做法

1 猕猴桃干洗净，用温水泡软备用。

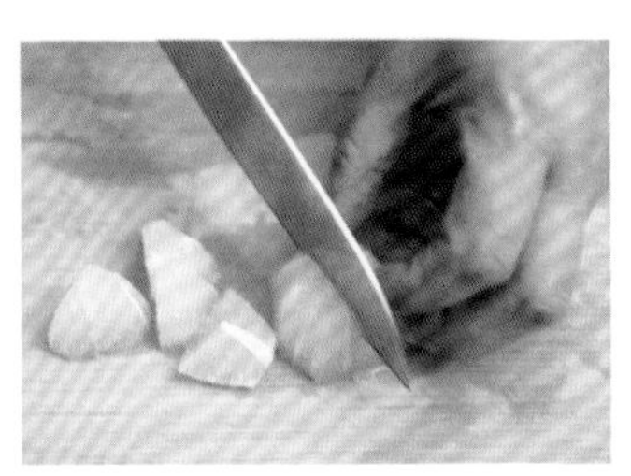

2 青柠檬用淡盐水洗净，横着对半切开，切2薄片备用，其余去子，切小块。

3 将猕猴桃干和青柠檬块放入破壁机中，倒入适量纯净水和蜂蜜。

4 搅打3分钟后，倒入杯中。

5 放入青柠檬片，加入白砂糖，搅匀后即可饮用。

烹饪秘籍

青柠檬的口感比较酸，如果喜欢甜口，可以适当多加些蜂蜜。

这杯看上去清爽无比的果茶，不用说也知道最适合在夏日饮用了。酸酸甜甜，冰镇后饮用更过瘾。

菊花蓝莓茶

10分钟 简单

营养贴士

蓝莓可以提高记忆力、延缓衰老、缓解视疲劳等。搭配菊花，还可以清热去火，对肝脏也有很好的保护效果。长期面对电脑的人喝这道水果茶，还能减少电子辐射带来的伤害呢。

主料

干菊花3克 | 蓝莓15克

辅料

蜂蜜1汤匙 | 淡盐水适量

做法

1 菊花茶洗净，温水泡软后捞出，沥干备用。

2 蓝莓放入淡盐水浸泡一会儿后，用流水冲洗干净。

3 将蓝莓对半切开，备用。

4 菊花放入杯中，冲入沸水后闷3分钟。

5 加入蓝莓，再闷2分钟。

6 加入蜂蜜，搅拌均匀后即可饮用。

烹饪秘籍

蓝莓用淡盐水浸泡后可以有效去除表面的白霜，更干净，切开后泡茶，味道也更容易出来。

当清凉的菊花遇上酸甜的蓝莓，这个闷热的夏日，自此有了解暑的秘密武器。好喝不上火，解腻更养颜。

这道水果茶简直就是美容水果的大集结，可媲美水果沙拉，滋味也丝毫不逊于任何新鲜果肉。茶水酸甜可口，喝完后让人回味无穷。

找回初恋的味道

木瓜火龙果苹果茶

20分钟　简单

主料

木瓜干5克 | 火龙果干10克 | 苹果干5克

辅料

蜂蜜1汤匙

营养贴士

木瓜有润肤美颜的功效，其超强的抗氧化能力还能够减少皱纹、延缓衰老。火龙果富含铁元素，能够补气养血、改善肤色。苹果富含果酸和维生素，能够分解脂肪、减肥瘦身。

做法

1 将木瓜干、火龙果干和苹果干洗净，放入温水中泡软，捞出沥干备用。

2 净锅，倒入250毫升纯净水，大火烧开后，放入木瓜干、火龙果干和苹果干。

3 转小火煮3分钟后倒入杯中，加入蜂蜜，搅拌均匀即可饮用。

烹饪秘籍

建议用纯净水冲泡果干，口感纯正甘甜，如果用自来水，杂质较多，容易发涩。

五彩缤纷过夏日

草莓桃子芒果茶

20 分钟 简单

主料

桃子干10克 | 草莓干10克 | 芒果干10克

辅料

蜂蜜1汤匙

营养贴士

草莓的红，芒果的黄，桃子的粉，对于“外貌协会”的成员来说，这款果茶的颜值从看到的瞬间就让人不能自拔，何况还有着满满的维生素C呢？爱美的女性朋友坚持饮用，会有着美容养颜、润泽肌肤的效果，作为下午茶，还能够舒缓情绪、调节心情。

做法

1 将桃子干、草莓干和芒果干洗净，放入温水中泡软，捞出沥干备用。

2 净锅，倒入250毫升纯净水，大火烧开后放入桃子干、草莓干和芒果干。

3 转小火煮2分钟，倒入杯中，加入蜂蜜，搅拌均匀即可饮用。

烹饪秘籍

桃子干和芒果干都比较大块，泡软捞出沥干后，可以先用刀切成小块，再用来煮茶。

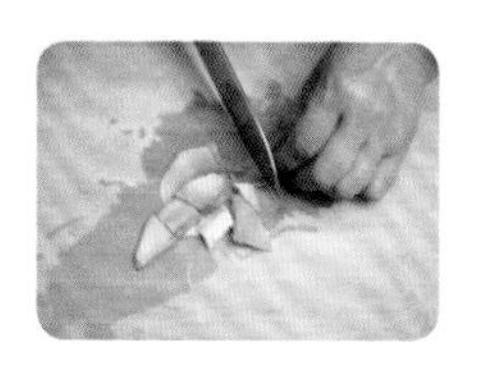

消暑怎能少了它

甜酿冬瓜茉莉茶

40分钟　中等

营养贴士

湿气重的人经常会感到身体疲倦、四肢无力，这道冬瓜茉莉茶是一道清热解暑、祛湿补气的妙方。在台湾，冬瓜茶被奉为解燥消肿的佳品，长期饮用还有美白祛斑、延年益寿的效果呢。

主料

冬瓜50克 | 茉莉花茶5克

辅料

红糖3汤匙

做法

1 冬瓜切细丁，放入碗中。

2 将红糖放入细冬瓜丁中，搅拌均匀后，腌制直至出水。

3 净锅，放入冬瓜丁和腌制后的糖水，大火煮开后转小火。

4 直至糖浆变黏稠、冬瓜变成透明状，关火。

5 将酿好的冬瓜茶过滤出汁，放入碗中备用。

6 茉莉花茶洗净，温水泡软后捞出，沥干。

7 取2茶匙冬瓜茶汁倒入杯中，沸水冲泡开后放入茉莉花，即可饮用。

烹饪秘籍

冬瓜要选取黑皮的，味道足，皮和子都不要去除，一起用来煮茶，消暑效果更明显。

在台湾，最常见的消暑水果茶就是古酿冬瓜茶，其味道清甜，搭配茉莉花的芳香，让人远远闻到就口中生津、垂涎欲滴了。

萨巴厨房®

系列图书

吃出健康系列

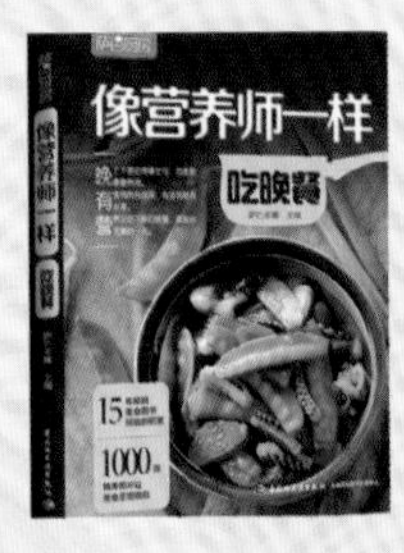

懒人下厨房系列

家常美食系列

图书在版编目（CIP）数据

萨巴厨房. 缤纷饮品 / 萨巴蒂娜主编 . — 北京：中国轻工业出版社，2020.3
ISBN 978-7-5184-2763-5

Ⅰ . ① 萨 … Ⅱ . ① 萨 … Ⅲ . ① 饮 品 – 制 作 Ⅳ . ① TS972.12 ② TS27

中国版本图书馆 CIP 数据核字（2019）第 257872 号

责任编辑：高惠京　　责任终审：张乃柬　　整体设计：锋尚设计
策划编辑：龙志丹　　责任校对：李　靖　　责任监印：张京华

出版发行：中国轻工业出版社（北京东长安街6号，邮编：100740）
印　　刷：北京博海升彩色印刷有限公司
经　　销：各地新华书店
版　　次：2020年3月第1版第1次印刷
开　　本：710 × 1000　1/16　印张：12
字　　数：200千字
书　　号：ISBN 978-7-5184-2763-5　定价：49.80元
邮购电话：010-65241695
发行电话：010-85119835　传真：85113293
网　　址：http://www.chlip.com.cn
Email：club@chlip.com.cn
如发现图书残缺请与我社邮购联系调换
190361S1X101ZBW